植物科普实践教育系列

# 北戴河国家湿地公园植物图鉴

Atlas of Plants in Beidaihe National Wetland Park

唐宏亮 主编

科学出版社

北 京

## 内 容 简 介

本书全面介绍了北戴河国家湿地公园的历史沿革、自然地理概况、植物群落及科属分布类型,并以图文并茂的形式系统展现了该湿地公园的植物资源。全书共收录植物93科257属367种(含21变种、2亚种),其中国家重点保护植物4种、河北省重点保护植物9种、水生植物30种。对每种植物从中文名(别名)、拉丁名、主要识别特征、生境或生态习性、地理分布、用途等方面进行了描述,同时每种精选1~6张能够反映其特征的彩色图片,便于识别、应用和科普宣教,体现了科学性、系统性和实用性强的特点。

本书可作为在北戴河国家湿地公园进行湿地植被恢复、植物群落监测、科普宣教等活动的参考用书,可供植物学、生态学、环境科学等相关专业师生和科研人员参考,也可供北戴河国家湿地公园访客、游客、植物爱好者阅读。

---

**图书在版编目(CIP)数据**

北戴河国家湿地公园植物图鉴/唐宏亮主编. —北京:科学出版社,2019.6
ISBN 978-7-03-061270-0

Ⅰ.①北… Ⅱ.①唐… Ⅲ.①沼泽化地-国家公园-植物-秦皇岛-图谱 Ⅳ.①Q948.522.23-64

中国版本图书馆CIP数据核字(2019)第092489号

责任编辑:陈 新 闫小敏/责任校对:郑金红
责任印制:肖 兴/封面设计:北京金舵手世纪图文设计有限公司

科学出版社 出版
北京东黄城根北街16号
邮政编码:100717
http://www.sciencep.com

**北京汇瑞嘉合文化发展有限公司** 印刷
科学出版社发行 各地新华书店经销

\*

2019年6月第 一 版 开本:889×1194 1/16
2019年6月第一次印刷 印张:16 1/4
字数:526 000

**定价:248.00元**
(如有印装质量问题,我社负责调换)

# 《北戴河国家湿地公园植物图鉴》
# 编辑委员会

主　任：张西敏

副主任：赵海彤

成　员：李玉辉　张翠娟　周　亮　赵淑军　石　兵
　　　　李志高　曹芸玮

主　编：唐宏亮

副主编：刘存歧　赵海彤

编　者：唐宏亮　刘存歧　赵海彤　刘　龙　牛　乐
　　　　位　晶　陈新颖　齐少强　曹芸玮　边亚会
　　　　高艳君　于海东　郑　斌　李晓东　袁新利
　　　　左万星　王美平　常玉军　杨　照　赵焕生

摄　影：唐宏亮　刘　龙　边亚会　赵海彤　刘存歧
　　　　郭　岩　张　义　董青园

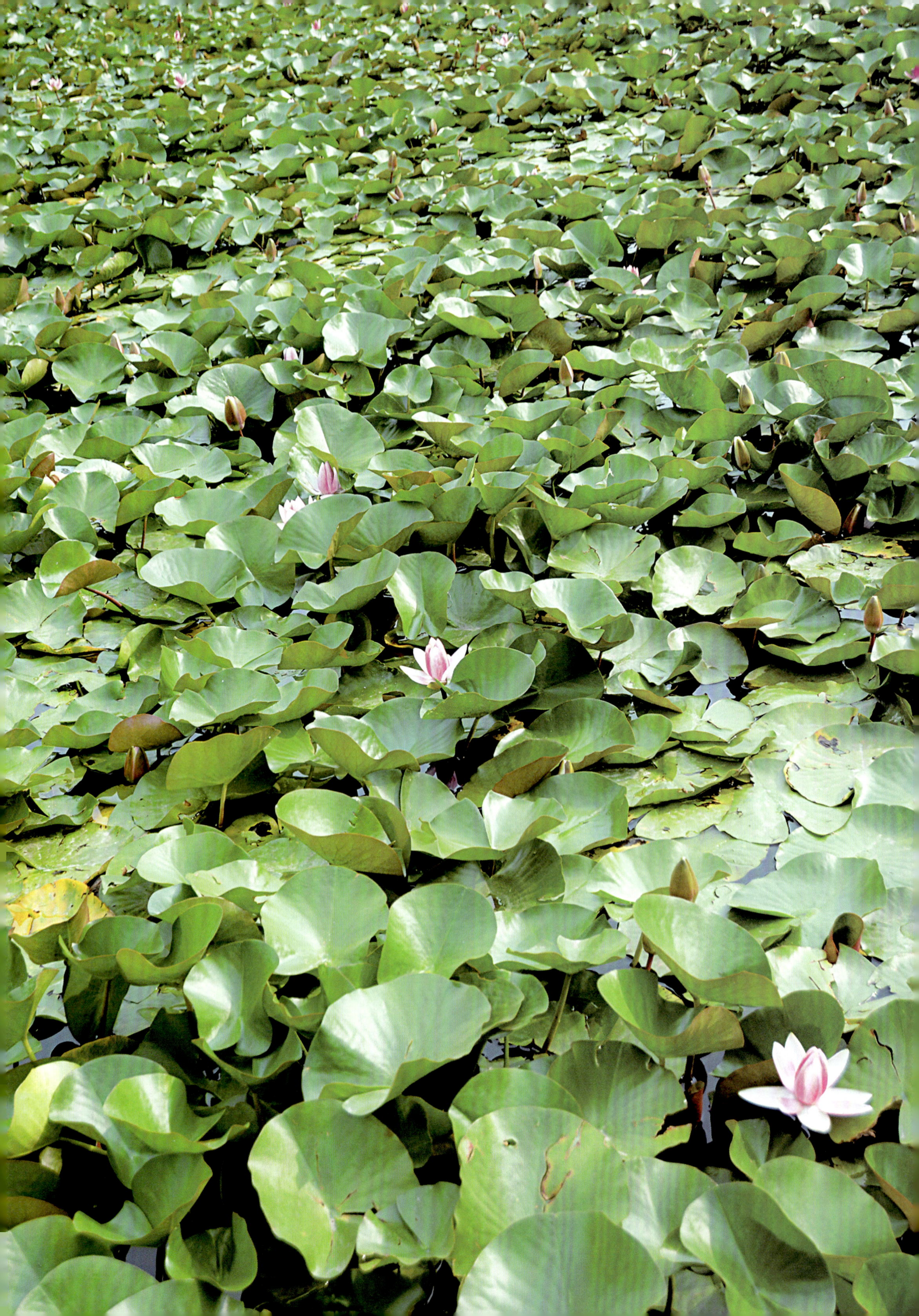

# 序

Foreword

湿地是水陆相互作用形成的特殊自然综合体，在应对气候变化、促进经济社会可持续发展中发挥着十分重要的作用。全球性的湿地消退危机引发了严重的生态环境和社会问题，直接威胁到区域、国家乃至全球的可持续发展。自1992年我国正式成为《关于特别是作为水禽栖息地的国际重要湿地公约》（以下简称《湿地公约》）缔约国以来，全国湿地保护网络体系已初步形成，49%的自然湿地得到有效保护。目前我国湿地仍然面临面积缩小、功能衰退、生物多样性锐减等严重威胁，恢复和保护好湿地资源任重而道远。

北戴河国家湿地公园坐落于渤海之滨，是依托新河水资源及沿海15 000亩[①]防护林建设的滨海湿地公园。该湿地公园所在地起初是由河流冲积物和海积物质组成的沙滩地，属冀东沙荒地的一部分。20世纪50年代"冀东沙荒造林局"陆续营造了大面积以毛白杨、加杨、河北杨、旱柳、刺槐等林木为主的人工林，使沙荒地得到了根本性治理。2006年，秦皇岛市政府将森林与湿地统筹规划作为城市生态保护区域。此后，本着"保护优先、科学修复、合理利用、持续发展"的原则，秦皇岛市园林局分阶段对北戴河湿地公园进行了保护性恢复建设，科学改造了园区内的河道、水渠和池塘，并丰富了园区内的植物种类。经过多年的恢复、建设和改造，湿地公园生态环境得到了明显改善，植物物种多样性明显增加，园区内林水交错、绿树成荫、花繁叶茂、鸟语花香、环境幽雅，空气常年湿润清新，负氧离子含量高达9000个/cm$^3$，成为集湿地保护、森林-湿地休闲观光、生态环境监测和科普宣教于一体的滨海湿地公园。2011年12月，经国家林业部门同意，北戴河湿地公园被列为国家湿地公园试点。2016年1月，北戴河国家湿地公园（试点）通过国家林业局验收，成为河北省继坝上闪电河国家湿地公园之后的第二处正式挂牌的国家湿地公园。建设后的湿地公园由合理利用区、恢复重建区、宣教展示区、生态保育区、管理服务区5个功能区组成，总占地面积306.7hm$^2$，其中湿地面积165.67hm$^2$，主要由浅海水域、潮间沙石海滩、河口水域、永久性河流、坑塘湖泊和沼泽洼地等湿地类型构成。

党中央、国务院历来对生态文明建设尤为重视，而湿地保护是生态文

---

① 1亩≈666.67m$^2$

明建设的重要内容。党的十七大做出了建设生态文明的重大战略决策，党的十八大从新的历史起点出发，做出了"大力推进生态文明建设"的战略决策，明确要扩大湿地面积，将湿地面积指标纳入国家"十三五"规划纲要，党的十九大将建设生态文明提升到"千年大计"的高度。近年来，秦皇岛市委、市政府深入实施绿色发展战略，大力推进生态文明建设，倡导人与自然和谐相处的核心价值观，在北戴河湿地保护、修复方面开展了大量卓有成效的工作，使之成为全国湿地保护修复、科普宣教和湿地生态旅游的典范与城市湿地公园发展的样板。

北戴河国家湿地公园管理处在国家、省、市的重大决策部署下，大力推进生态文明建设，积极践行"绿水青山就是金山银山"的理念，通过有效的保护与恢复，园区生态环境有了明显改善，植物多样性较之前明显增加。据调查，北戴河国家湿地公园现有植物93科257属367种（含21变种、2亚种），其中国家重点保护植物4种、河北省重点保护植物9种、外来入侵植物11种、水生植物30种。为了加快园区生态旅游发展，充实科普生态教育内容，满足园区"生态定位站"对植物种类的要求，北戴河国家湿地公园管理处组织专业力量，编写了该书，在此向他们表示祝贺。这是一本具有地域特色的植物种类识别工具书，图文并茂，蕴含信息量大，具有很高的学术价值，且实用性很强，对保护和科学利用湿地植物资源具有重要的指导作用。

希望该书可让更多的人认识北戴河湿地，增强全社会的生态意识，为推动生态文明建设续写新的篇章，取得更大的成绩。

中国科学院院士
2018年12月

# 前言 Preface

湿地公园是指拥有一定的规模和范围，以湿地景观和生物多样性为主体，以保护湿地生态系统完整性和维持湿地生态系统服务功能为核心，推行"在保护中利用，在利用中保护"的科学理念，可供公众旅游观光、休闲娱乐或进行科学、文化和教育活动，并予以特殊保护和管理的特定湿地区域。湿地公园是湿地保护体系的重要组成部分，与湿地自然保护区、保护小区、湿地野生动植物保护栖息地及湿地多用途管理区等共同构成了湿地保护体系。

北戴河国家湿地公园坐落于渤海之滨、北戴河北侧 15 000 亩沿海防护林区域内，经新河入海口与沿海湿地相连，除高埠地段有过去营造的部分林木外，其余地段长年积水，总体呈现为河流、湖泊、沼泽、洼地和林地相交织的湿地生态景观。为了更为规范和科学地保护湿地，充分发挥湿地的生态服务功能，秦皇岛市有关部门在园区已有的地形、水系、植被和基础设施基础上，进行了多年的保护性恢复建设和功能改造，使其成为集湿地保护、森林-湿地休闲观光、生态环境监测和科普宣教于一体的滨海湿地公园。2016 年 1 月，北戴河国家湿地公园（试点）通过国家林业局验收，成为河北省继坝上闪电河国家湿地公园之后第二处正式挂牌的国家湿地公园。园区划分为合理利用区、恢复重建区、宣教展示区、生态保育区和管理服务区 5 个功能区，主要栽植毛白杨、刺槐、紫穗槐、白桦、白扦、日本红枫、樱桃李、毛黄栌等木本植物种类，野生分布有水葱、狭叶香蒲、白睡莲、扁秆藨草、莲、金鱼藻、穗状狐尾藻等水生草本植物，以及野大豆、黄花蒿、益母草、拂子茅、野古草等陆生草本植物。

植物在湿地生态系统生物多样性维持、环境生态修复、生态系统服务功能价值提升等方面起着至关重要的作用。目前关于北戴河国家湿地公园的资料主要集中在水环境与水文特征、水生植被及其生态功能、鸟类的生态服务功能等诸多方面，这些资料对理解园区湿地生态系统的功能，促进园区进行科学合理的保护和生态修复具有重要意义，但对园区植物资源状况、分布和用途及其在植被恢复中的作用知之甚少。前人对园区内植物种类的调查大多散落在已发表的文献、出版的书籍和科学考察报告中，虽种类总数不及园区现有植物种类的一半，但这些调查工作为园区进行系统全面的植物资源调查奠定了基础。随着环境的改善和湿地功能的恢复，园区无论是在湿地面积、基质特性等方面，还是在水文特征、植物种类等方面都发生了巨大变化，探明园区内植物资源对促进湿地生态系统可持续发展具有重要意义。

2017~2018年，我们组织本领域相关专家学者，通过为期两年的野外全面踏查，结合植物标本采集和图片拍摄，确定园区共有植物93科257属367种（含21变种、2亚种）。为了让更多人了解北戴河国家湿地公园及园区内的植物资源，促进园区的生态文明建设，进而服务于北戴河滨海湿地生态站建设和园区科普宣教的进行，经多方协调，由北戴河国家湿地公园管理处筹集经费资助本书出版。本书收录北戴河国家湿地公园植物93科257属367种，其中蕨类植物4种，裸子植物8种，被子植物355种，彩色照片共计1043幅，每种植物配有1~6张能够反映其形态特征和野外生境的彩色照片，并配有简明的文字描述。书后附有中文名（含别名）和拉丁名的索引，便于读者查找。本书共有三章，第一章由唐宏亮、刘存歧、赵海彤负责编写；第二章由唐宏亮、赵海彤、刘存歧负责编写；第三章由唐宏亮负责编写，植物类群部分由所有编者共同完成编写；全书最后由唐宏亮负责审定植物中文名、拉丁名并统稿。书中所载植物名称依据 *Flora of China*、《中国植物志》和《河北植物志》，已经过多次核对和校定，力求规范和准确。在科级水平，蕨类植物采用 PPG I 系统，裸子植物采用 Christenhusz 系统，被子植物采用 Engler（恩格勒）系统。

本书具有科学性、系统性和实用性强的特点，可作为在北戴河国家湿地公园进行湿地植被恢复、植物群落监测、科普宣教及参与实习实训活动人员的参考用书。在编写过程中，得到了北戴河国家湿地公园管理处、河北大学生命科学学院及兄弟院校同仁的大力协助和支持，在此表示感谢。本书出版得到了"河北北戴河国家湿地公园2017年中央财政湿地保护补助资金项目"的资助。本书虽已经全体作者多次讨论、修改和完善，但鉴于内容涉及面广，加之编者水平所限，难免有疏漏或不足之处，敬请使用本书的专家学者和师生批评指正。

唐宏亮<br>
2018年11月

# 目录 Contents

第一章　北戴河国家湿地公园概况 ······················································ 1

第二章　北戴河国家湿地公园自然地理环境 ········································ 5

第三章　北戴河国家湿地公园植被与植物资源 ····································· 8

## 蕨类植物门 Pteridophyta ································································ 11

木贼科 Equisetaceae ··································································· 12

槐叶苹科 Salviniaceae ································································ 14

## 裸子植物门 Gymnospermae ··························································· 15

银杏科 Ginkgoaceae ·································································· 16

松科 Pinaceae ············································································ 16

杉科 Taxodiaceae ······································································· 18

柏科 Cupressaceae ····································································· 19

## 被子植物门 Angiospermae ····························································· 21

胡桃科 Juglandaceae ·································································· 22

杨柳科 Salicaceae ······································································ 22

桦木科 Betulaceae ····································································· 26

壳斗科 Fagaceae ······································································· 27

榆科 Ulmaceae ·········································································· 27

杜仲科 Eucommiaceae ································································ 28

桑科 Moraceae ·········································································· 29

荨麻科 Urticaceae ······································································ 31

蓼科 Polygonaceae ···································································· 32

商陆科 Phytolaccaceae ······························································· 37

马齿苋科 Portulacaceae ······························································ 37

石竹科 Caryophyllaceae ······························································ 38

藜科 Chenopodiaceae ································································ 41

苋科 Amaranthaceae ·································································· 44

木兰科 Magnoliaceae ································································· 46

樟科 Lauraceae ············ 48

毛茛科 Ranunculaceae ············ 48

小檗科 Berberidaceae ············ 49

睡莲科 Nymphaeaceae ············ 50

金鱼藻科 Ceratophyllaceae ············ 52

罂粟科 Papaveraceae ············ 52

十字花科 Cruciferae ············ 53

景天科 Crassulaceae ············ 57

虎耳草科 Saxifragaceae ············ 58

蔷薇科 Rosaceae ············ 59

豆科 Fabaceae ············ 76

酢浆草科 Oxalidaceae ············ 87

牻牛儿苗科 Geraniaceae ············ 88

亚麻科 Linaceae ············ 88

大戟科 Euphorbiaceae ············ 89

苦木科 Simaroubaceae ············ 92

楝科 Meliaceae ············ 93

漆树科 Anacardiaceae ············ 94

槭树科 Aceraceae ············ 95

无患子科 Sapindaceae ············ 99

卫矛科 Celastraceae ············ 100

黄杨科 Buxaceae ············ 102

鼠李科 Rhamnaceae ············ 103

葡萄科 Vitaceae ············ 104

锦葵科 Malvaceae ············ 106

木棉科 Bombacaceae ············ 107

堇菜科 Violaceae ············ 108

柽柳科 Tamaricaceae ············ 109

秋海棠科 Begoniaceae ············ 109

葫芦科 Cucurbitaceae ············ 110

千屈菜科 Lythraceae ············ 113

菱科 Trapaceae ······ 115

柳叶菜科 Onagraceae ······ 115

小二仙草科 Haloragidaceae ······ 116

山茱萸科 Cornaceae ······ 117

五加科 Araliaceae ······ 117

伞形科 Umbelliferae ······ 118

报春花科 Primulaceae ······ 119

白花丹科 Plumbaginaceae ······ 120

柿科 Ebenaceae ······ 121

木犀科 Oleaceae ······ 122

马钱科 Loganiaceae ······ 126

龙胆科 Gentianaceae ······ 128

夹竹桃科 Apocynaceae ······ 128

萝藦科 Asclepiadaceae ······ 129

茜草科 Rubiaceae ······ 131

旋花科 Convolvulaceae ······ 131

紫草科 Boraginaceae ······ 134

马鞭草科 Verbenaceae ······ 135

唇形科 Labiatae ······ 139

茄科 Solanaceae ······ 145

玄参科 Scrophulariaceae ······ 149

紫葳科 Bignoniaceae ······ 150

狸藻科 Lentibulariaceae ······ 151

车前科 Plantaginaceae ······ 151

忍冬科 Caprifoliaceae ······ 153

桔梗科 Campanulaceae ······ 156

菊科 Compositae ······ 156

泽泻科 Alismataceae ······ 193

水鳖科 Hydrocharitaceae ······ 194

眼子菜科 Potamogetonaceae ······ 194

百合科 Liliaceae ······ 196

龙舌兰科 Agavaceae ··················································· 202
雨久花科 Pontederiaceae ············································ 203
鸢尾科 Iridaceae ······················································ 203
灯心草科 Juncaceae ·················································· 205
鸭跖草科 Commelinaceae ··········································· 206
禾本科 Gramineae ···················································· 206
浮萍科 Lemnaceae ··················································· 228
香蒲科 Typhaceae ···················································· 229
莎草科 Cyperaceae ··················································· 229
美人蕉科 Cannaceae ················································· 234

**参考文献** ······························································ 235
**中文名索引** ·························································· 237
**拉丁名索引** ·························································· 243

# 第一章　北戴河国家湿地公园概况

北戴河国家湿地公园（以下简称湿地公园）地处渤海之滨、著名旅游避暑胜地河北北戴河北侧15 000亩沿海防护林区域内，经新河入海口与沿海湿地相连，地理区位优势明显。湿地公园东临渤海湾，南以新河路、鸽赤路为界与鸽子窝公园及奥林匹克大道公园相邻，北以银涛路为界与秦皇岛航海学院、北戴河国际俱乐部等相邻，西与海滨国家森林公园接壤，地理坐标为东经119°29′38″~119°31′33″、北纬39°50′1″~39°51′2″。

## 一、历史沿革

新中国成立初期，北戴河国家湿地公园所在地是由河流冲积物和海积物质组成的沙滩地，属冀东沙荒地的一部分。20世纪50年代初，河北省政府成立了"冀东沙荒造林局"，陆续营造了大面积以毛白杨、加杨、河北杨、旱柳、刺槐等为主的人工林（园区内现有大部分林地均为那一时期保留下来的），使沙荒地得到了根本性治理，形成了典型的潮上带沙质土壤森林生态系统。北戴河国家湿地公园所处地段地势低洼，且新河穿过其中，除高埠地段有过去营造的部分林木外，其余地段长年积水，总体呈现为河流、湖泊、沼泽、洼地和林地相交织的湿地生态景观。2001~2005年，旅游业在北戴河湿地公园周边有了长足的发展，海滨大道西侧陆续开发了养殖、垂钓、采摘、休闲等旅游观光项目，但因无序开发，管理混乱，对新河和沿海滩涂鸟类栖息繁殖地造成了严重的干扰与破坏。2006年，秦皇岛市政府把林地与湿地统筹规划作为城市生态保护区域。为了保护北戴河湿地，2007年北戴河区政府出资买断私人对园区的经营权，着手开展以保护鸟类栖息地、恢复湿地景观为主的湿地公园建设。为了规范、科学地保护湿地，建成独具特色的滨海湿地公园，2009年8月，秦皇岛市政府积极申请建立北戴河湿地公园科普教育基地。2010年，北戴河湿地公园通过中国野生动物保护协会评审验收，被正式确定为"全国野生动物保护科普教育基地"。2011年12月，经国家林业部门同意，北戴河湿地公园被列为国家湿地公园试点进行建设。本着"保护优先、科学修复、合理利用、持续发展"的基本原则，秦皇岛市园林局基于湿地公园现有的地形、水系、植被、基础设施等特点进行了保护性恢复建设，包括修复植被区系和丰富植物种类，整修和改造河道、水渠、池塘等水系资源，改造和建设路网、桥体、高架栈桥、木栈道等基础设施。通过前期的生态修复和建设，湿地公园生态功能得到了有效恢复，园区内林水交错、绿树成荫、花繁叶茂、鸟语花香、环境幽雅，空气常年湿润清新，成为集湿地保护、森林-湿地休闲观光、生态环境监测和科普宣教于一体的滨海湿地公园。2016年1月，北戴河国家湿地公园（试点）通过国家林业局验收，成为河北省继坝上闪电河国家湿地公园之后第二处正式挂牌的国家湿地公园。2017年4月，北戴河国家湿地公园成为"全国林业科普教育基地"。2017年11月，经环境保护部宣教中心批准，北戴河国家湿地公园成为"国家自然学校能力建设项目"试点单位。

## 二、功能区划、土地权属及土地利用现状

北戴河国家湿地公园总面积306.7hm²，由合理利用区、恢复重建区、宣教展示区、生态保育区和管理服务区5个功能区组成。其中，合理利用区108.6hm²、恢复重建区41.7hm²、宣教展示区19.7hm²、生态保育区135.4hm²、管理服务区1.3hm²（图1-1）。

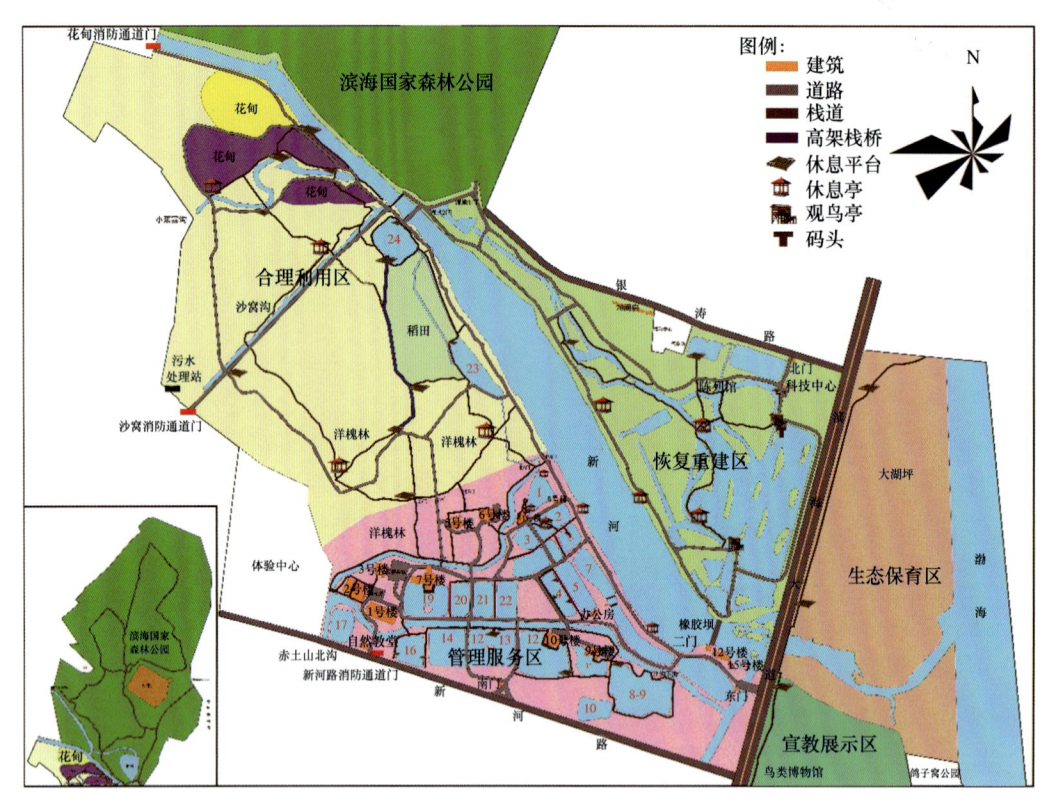

图1-1 北戴河国家湿地公园平面示意图

北戴河国家湿地公园土地权属为国有和集体所有两种。国有土地288.5hm²，占公园总面积的94.1%，主要包括浅海水域、滩涂、森林与河道；集体所有土地18.2hm²，占公园总面积的5.9%，主要分布在赤松路以北，多为临时建筑和农田。经北戴河区政府协调，湿地公园与赤土山村签订了土地租赁协议，将其纳入湿地公园统一管理。

北戴河国家湿地公园土地利用类型主要为林业用地、湿地、建设与道路用地3种类型。其中林业用地119.03hm²，占园区总面积的38.8%；湿地165.67hm²，占园区总面积的54.0%；建设与道路用地22.0hm²，占园区总面积的7.2%。

## 三、湿地资源、湿地景观与湿地文化

### （一）湿地资源

北戴河国家湿地公园湿地类型多样，有浅海水域、潮间沙石海滩、河口水域、永久性河流、坑塘湖泊和沼泽洼地6种类型（表1-1）。

表 1-1 北戴河国家湿地公园湿地类型

| 湿地类型 | 面积 /hm² | 占公园面积 /% | 占园区湿地面积 /% |
|---|---|---|---|
| 浅海水域 | 44.2 | 14.4 | 26.7 |
| 潮间沙石海滩 | 59.4 | 19.4 | 35.8 |
| 河口水域 | 18.0 | 5.8 | 10.9 |
| 永久性河流 | 23.37 | 7.6 | 14.1 |
| 坑塘湖泊 | 19.4 | 6.3 | 11.7 |
| 沼泽洼地 | 1.3 | 0.5 | 0.8 |
| 合计 | 165.67 | 54.0 | 100 |

### （二）湿地景观

**1. 鸟类景观**

鸟类是湿地的精灵，每年春季回暖后，在迁徙季节，成千上万的鸟类在湿地公园栖息，形成"万鸟临海"的壮观场面：晨曦中可以看到各种鸟类成群结队或在滩涂觅食，或在水面觅食，一派生机勃勃的景象；夕阳下，百鸟归巢，十分壮观。

**2. 河‐林景观**

新河由西至东横穿湿地公园，而后进入渤海，岸边林木葱郁，偶有鸟鸣，跨河小桥与两岸成排杨树共同构成一幅恬静优美的自然风光画面。

**3. 滨海景观**

湿地公园地处渤海湾，沿海滩涂宽阔，周边没有遮挡物，视野开阔，在此眺望大海能欣赏到不同的滨海自然景观，如磅礴壮丽的潮起潮落、红日浴海、潮后近海滩涂。

**4. 湿地文化**

由于拥有丰富的鸟类资源，湿地公园每个月均为鸟类活动月，例如：3月是"北迁候鸟过境月"；5月是"繁殖鸟恋爱、结婚月"；8月是"繁殖鸟幼鸟学习月"等。每年3～5月的"北戴河国际观鸟摄影大赛"已经成为北戴河观鸟活动的一个亮点，吸引了大量的国内外鸟类爱好者。

## 四、科普宣教

北戴河国家湿地公园是开展生态文明教育和湿地保护科普教育的重要基地。利用园区的地理区位优势，通过定期举办科普讲座、"鹭途天使"生态志愿者培训、国际观鸟摄影大展，以及以"爱鸟周""湿地捡拾垃圾""烟头不落地"等为主题的宣教活动和生态文明教育活动，发挥湿地公园在生态教育、科普宣教、弘扬生态文化等方面的公益性功能，不断提高群众对湿地保护、生态建设的认识与了解，使湿地保护工作逐步成为全社会的共识。

科普教育活动主要有以下三种形式。

**1. 室内宣教**

（1）招募"湿地保护志愿者"，对其进行湿地相关知识的培训。志愿者作为科普馆的义务讲解员及户外学校的辅导员，向访客讲解、宣传北戴河湿地。

（2）邀请湿地生态专家学者，通过开设短期培训班或讲座，向旅游者及青少年学生讲授相关知识，同时对湿地保护志愿者、周边居民进行指导和培训。

（3）利用课余、周末和节假日，向中小学开放宣教陈列馆的湿地趣味探索厅，作为科普实践教育基地，湿地教育志愿者在此区域内协助开展相关活动。

（4）在鸟类博物馆举办专题展览，就一些热点问题进行宣传和介绍。

（5）利用"世界湿地日""世界环境保护日""世界水日"《中华人民共和国科学技术普及法》颁布实施纪念日""爱鸟周""国际生物多样性日"等重要的节日开展丰富的科普宣传活动。

### 2. 室外宣教

（1）组织爱鸟志愿者直接参与湿地鸟类的保护和救助等工作，举办爱鸟夏令营和鸟类摄影、绘画大赛及展览、鸟类救助讲座与培训等活动，增加访客对湿地及湿地鸟类的认识，强化其保护意识。

（2）强化访客对湿地植物种类、生活习性、生态价值、美学价值、经济价值的认识；组织访客参加摄影比赛、写生比赛、夏令营等活动，进行环境教育，充分发挥湿地植物的观赏价值，深化青少年学生对湿地植物的认知。

（3）展示湿地植物净化水质的过程，了解湿地植物净化水质的原理，强化访客对湿地植物生态功能的认知。

### 3. 网络宣教

定期维护与更新湿地公园门户网站，在网站下专设大众共享信息版块，包括湿地公园新闻动态、生物资源、湿地政策与法规、湿地保护、湿地文化等方面的内容，让外界能够了解湿地公园现状和湿地相关知识，扩大湿地公园影响力和知名度。

# 第二章　北戴河国家湿地公园自然地理环境

## 一、地质地貌

北戴河在地质构造上属燕山沉降带的次一级构造单元——山海关隆起，地势西北高、东南低。西北部为冀东山地（燕山山地）向沿海、平原过渡的地带，呈低缓丘陵地貌，平缓延伸至海边，海拔为 0～153.0m。受燕山运动、河流和海相运动影响，海岸地貌十分典型，有河流三角洲、沙坝-潟湖和沿岸沙丘。在长达 25.0km 的海岸线上，分布有岩滩、沙滩、潮间滩及礁石、海湾和岬角。

北戴河国家湿地公园内部地形平缓，地势呈西北高、东南低的趋势，海拔为 0～6.0m，坡降比为 21.7/10 000。受河流冲积、海积及人工干扰影响，其微地貌有平地、洼地（包括渔塘）、河岸、沟渠、滩涂、潮间带（新河入海河口）、岩滩-海蚀平台、海蚀崖、海蚀穴、河口形成的三角洲等类型。

## 二、气候

北戴河国家湿地公园地处中纬度暖温带，属暖温带、半湿润季风型大陆性气候，春温、夏凉、秋暖、冬寒，四季分明。因其位于东部沿海季风环流区，具有多风、湿润、雨量适中、气候宜人的海洋性气候特点。年平均气温为 11.5℃，极端最高气温为 37.4℃，极端最低气温为 -24.3℃，≥10℃的年积温为 3957℃。无霜期为 281 天。年平均日照时数为 2568.6h。年平均降水量为 680mm，多集中在 6～8 月，降水量占全年总降水量的 74% 左右。由于濒临渤海，空气湿度较大，年平均相对湿度在 65% 左右。年蒸发量为 1600～1900mm，以 4～6 月最大，占全年蒸发量的 41.6%，冬季最小，占全年总量的 9%。全年以偏西风最多，春季风速最大，有风无尘，秋季次之，盛夏平均风速较小。

## 三、水文与水资源

### （一）地表水系

北戴河国家湿地公园主要以新河、小薄河寨排水沟、大赤排洪沟和刘赤排洪沟为公园场地肌理，以河流、渔塘和洼地为公园水系展开面，形成了现有水系。按形成原因分为自然水系与人工水系两部分。水源补给方式为综合补给，主要有地表径流、大气降水和地下水补给。

#### 1. 新河

发源于抚宁县栖云寺山东麓，流经北戴河区甘各庄、蔡各庄，全长 15.0km，其中 14.0km 流经北戴河区，流域面积 77.5km²。河源河口高差 4.5m，纵波 1/310，河短流急，水量变化较大，年平均径流量 $7.4×10^6m^3$。丰水位 1.5m，平水位 1.0m；最大水深 1.7m，平均水深 1.5m。1976 年，在赤土山大桥以西150m处建9孔防潮闸1座。新河在流经湿地公园后，过赤土山大桥，直接流入渤海。

### 2. 小薄河寨排水沟

源于小薄河寨村，全长1.9km，流域面积2.3km²。从湿地公园的西部边界流入新河，流经园区的长度为1.0km。

### 3. 大赤排洪沟

起源于北宁路北戴河接待处，全长3.1km，流域面积3.9km²。2003年经过治理，最大流量达43.1m³/s。于赤土山变电站处穿赤松路进入湿地公园，在赤土山大桥以西150m处防潮闸外经新河河口流入大海，流经园区的长度为1.3km。

### 4. 刘赤排洪沟

源于双石路，2003年修建，全长4.2km，流域面积5.9km²，最大流量65.0m³/s。沿滨海大道穿赤松路进入湿地公园，在赤土山大桥以西150m处防潮闸外与大赤排洪沟汇合后经新河河口流入大海，流经园区的长度为0.3km。

### 5. 库塘

库塘即坑塘，分布在湿地公园园区内新河东南部与新河北岸沿滨海大道处。面积为19.4hm²，占公园总面积的6.3%。

湿地公园水系补给水来源于"引青济秦"输水管线。引青济秦工程是一个以城市供水为主兼顾农业用水的大型跨流域调水工程，该工程从1989年开工，全长80km，铺设管道47.75km。整个工程系统由桃林口小坝、引青西线、东西线对接、引青东线及北戴河支线、汤河支线、海港支线等组成。

## （二）海域

渤海海相运动导致湿地公园海水的潮汐、潮流、潮位、海浪及盐度与水温等发生变化。海水潮汐运动导致海水发生有规律的涨退变化，受海水波浪强烈的推动作用和海湾微地形影响，园区内形成了一个宽阔的大潮坪（见生态保育区），其连接新河入海口，构成湿地公园的独特自然水系。

## （三）地下水

秦皇岛市地下水资源总量为$7.49×10^8m^3$，主要为第四系孔隙潜水。浅层地下水位埋深在0.55～1.8m，含水层岩性主要为细沙、砾砂。地下水补给来源主要为大气降水，其次为河流侧渗。水位随季节有所变化，一般不受海潮水位的影响。丰水期为每年的8～9月，枯水期水位下降0.5～1m。主要排泄方式为人工开采，但因埋藏很浅，相当数量的地下水通过毛细管作用不断蒸发掉。地下水流向为自西向东，水流坡度为1%～2%。水质较好，化学类型为重碳酸盐、氯化钙型水，矿化度小于0.5g/L。

## （四）水源与水质

湿地公园东部为海岸潮间带滩涂湿地，湿地水供应直接受海水潮汐影响，浅海水污染大多由海岸带污染物扩散而来，随着2001年"渤海碧海行动计划"的实施，该区域海水已基本达到国家Ⅱ类海水水质标准。园区西部为淡水区，水来源于西北部山地及汇水区的自然降水，进入新河后通过控制防潮闸来保障园区水源供应。上游虽无工业污染源，但因近几年上游农村养殖业的发展，新河水质出现了严重的富营养化现象，部分水体水质下降为Ⅳ类。

地表水pH为8.08，变化范围为7.93～8.22，偏碱性；溶解氧变化范围为6.05～10.91mg/L，化学需氧量（COD）全年变化范围为0.8～1.86mg/L；总氮平均浓度为0.042mg/L；总磷平均浓度为0.0228mg/L，变化范围为0.0121～0.0471mg/L；水质级别为Ⅲ～Ⅴ类（GB 3838—2002）。地下水pH为8.08，偏碱性，水质级别为Ⅳ类（GB/T 14848—2017）。

## 四、土壤状况

北戴河国家湿地公园土壤以潮土、沼泽土、风沙土和水稻土为主。其中，潮土主要发育在河流冲积母质上，分布于地形平坦、排水不甚畅通、地下水位在1.5～3.0m的冲积平原上；沼泽土主要为盐化沼泽土，零星分布于碟形洼地及河旁洼地内；风沙土分布于滨海盐土和潮滩盐土之间；水稻土为盐渍水稻土，零星分布。

### 1. 砂质潮土

分布于园区西部，多由河流冲积或经海风搬运堆积形成，剖面中可见到残存的碎贝壳。砂质潮土多数剖面为砂质，单粒状结构，表层有时出现碎块状结构，疏松，多孔，土壤透水性好。地下水位较高，一般在1.0～1.5m，但毛细管水活动能力差。除夹层土壤外，土体中锈纹、锈斑不明显，有机质含量低，一般不超过0.5%。

### 2. 沙壤质潮土

主要分布于新河两岸，由河流冲积而成。受花岗片麻岩母质和雨水淋溶作用影响，土壤全剖面无盐酸泡沫反应，pH在7.8以下，碳酸钙含量在1.0%以下，属于非石灰性潮土。表层为沙壤，多出现底砂和体砂型土体，个别剖面出现夹黏型土体。单粒状结构，通透性好，地下水位在1.5m左右。夹黏型土体锈纹、锈斑明显，底砂和体砂型土体不明显。此类土壤经多年耕作，表土有机质含量较低，一般在0.8%以下，很少超过1.0%，但比心土、底土高。

### 3. 轻壤质潮土

分布在新河两侧的二坡地或园区内高起的平缓地带。受燕山花岗片麻岩风化物影响，土壤碳酸钙含量较低，一般在1.0%以下，表土含量略低于心土和底土，可发生一定的淋溶作用，属非石灰性潮土。表土为轻壤，心土和底土多为沙壤与细沙土。有些剖面可以见到中壤和重壤夹层，土体构型变化复杂。土层较深厚，地下水位为1.5～2.5m，土壤排水良好，底土铁锈斑明显。表土有机质含量在0.9%左右，心土和底土明显降低。

### 4. 盐化沼泽土

分布于距海岸线2km左右处，地下水受海水影响。土壤含盐量较高，表层盐度达0.96%，盐分组成以氯化物为主，氯化物与硫酸盐比为2.8:1，土壤盐化程度达到重盐化标准。盐化沼泽土是海岸带范围内芦苇生长最好的区域。

### 5. 盐渍水稻土

分布范围较小，是在长期种植水稻、进行周期性淹水灌溉、培肥条件下形成的水成土壤。滨海盐土、草甸滨海盐土、沼泽土和盐化潮土经过多年耕种，土壤表层可溶性盐被大量淋洗，含盐量降到0.1%以下，在水耕熟化条件下逐渐发育成水稻土。

# 第三章　北戴河国家湿地公园植被与植物资源

## 一、植被类型

按照《河北植被》中的植被分类体系，北戴河国家湿地公园内植物群落可分为以下 11 种类型。

**1．人工杨树林**

分布在园区西部，结构单一，植被盖度为 70%～90%。

**2．人工刺槐林**

分布在新河北部，结构单一，植被盖度为 70%～85%。

**3．人工油松林**

分布在滨海大道西部，结构单一，植被盖度为 70%～90%。

**4．柽柳灌丛**

在湿地公园内多呈散生状。

**5．盐地碱蓬、芦苇群落**

主要分布在新河口两岸及河漫滩上。盐地碱蓬和芦苇为共优种，群落总盖度为 90%。

**6．碱菀、盐地碱蓬群落**

分布在常年积水、过度潮湿的土壤及沼泽淤泥质地段的透光处或边缘，范围较小。群落总盖度为 70%～90%。

**7．拂子茅群落**

主要分布在含盐量在 0.5%～1%、地下水位在 150.0cm 左右的古河道及干涸洼地上，群落总盖度一般为 40%～50%。

**8．沙蒿、无芒雀麦群落**

主要分布在含盐量在 0.5%～0.7%、地下水位在 2～3m 的低平地段。

**9．芦苇群落**

分布比较广泛。在不同的生境中，芦苇个体呈现出不同的生态特性，群落盖度多在 80% 以上。

**10．狭叶香蒲群落**

主要分布在园区积水洼地处，面积较小，属单优植物群落，外貌整齐，植株平均高度为 150.0cm 左右，群落盖度为 50%。

**11．扁秆藨草群落**

分布比较广泛，但面积较小，多见于沟渠、坑塘、河边及洼地处。群落以扁秆藨草为优势种，一般植株高 50～100cm，群落盖度可达 80%～90%。

## 二、植物资源

通过为期两年的野外全面踏查，结合植物标本采集和图片拍摄，确定北戴河国家湿地公园共有植物 93 科 257 属 367 种（含 21 变种，2 亚种）。蕨类植物 2 科 2 属 4 种；裸子植物 4 科 6 属 8 种；被子植物 87 科 249 属 355 种，其中草本植物 260 种，木本植物 95 种（乔木 56 种、灌木 39 种）。园区内植物种类以菊科（Compositae）、蔷薇科（Rosaceae）、豆科（Fabaceae）、唇形科（Labiatae）、百合科（Liliaceae）和禾本科（Gramineae）为主，占全园区植物种类总数的 45.3%，主要代表植物有毛白杨、加杨、刺槐、紫穗槐、柽柳、盐地碱蓬、芦苇、牛鞭草、荻、碱菀、狭叶香蒲、水葱、莲、白睡莲等。

湿地公园共有外来入侵植物 11 种：反枝苋、绿穗苋、长芒苋、通奶草、圆叶牵牛、垂序商陆、豚草、钻叶紫菀、一年蓬、小飞蓬和大狼杷草。

湿地公园共有水生植物 30 种：槐叶苹、浮萍、格菱、莲、白睡莲、黄睡莲、红睡莲、金鱼藻、穗状狐尾藻、黑藻、狸藻、马来眼子菜、篦齿眼子菜、菹草、慈姑、梭鱼草、黄菖蒲、千屈菜、狭叶香蒲、水芹、沼生蔊菜、球果蔊菜、辣蓼、尖被灯心草、芦苇、槽秆荸荠、扁秆藨草、水葱、香附子、碎米莎草。

湿地公园有国家重点保护植物 4 种，其中银杏和水杉（均为中国特有种）为国家一级重点保护植物，莲和樱桃李为国家二级重点保护植物；有河北省重点保护植物 9 种，包括油松、白扦、河北杨、文冠果、野大豆、山绿豆、连翘、莲和狸藻。

根据《河北野生资源植物志》（杜怡斌，2000），按用途对北戴河国家湿地公园的植物种类进行了划分。

**纤维植物（20 种）**：河北杨、毛白杨、加杨、青杨、荩草、桑、狭叶荨麻、宿根亚麻、南蛇藤、黄花蒿、狭叶香蒲、野古草、白茅、荻、芒、狼尾草、芦苇、大油芒、马蔺、罗布麻。

**淀粉和糖类植物（13 种）**：榛、蒙古栎、榆、桑、荞麦、反枝苋、山荆子、地榆、水榆花楸、草木犀、歪头菜、西来稗、玉竹。

**油脂植物（14 种）**：油松、榛、石竹、诸葛菜、桃、臭椿、南蛇藤、白杜、色木枫、文冠果、藿香、益母草、桔梗、苍耳。

**野果植物（7 种）**：榛、桑、山荆子、桃、毛樱桃、君迁子、枸杞。

**野菜植物（18 种）**：蒿蓄、辣蓼、马蓼、藜、马齿苋、地肤、荠、朝天委陵菜、地榆、水芹、打碗花、枸杞、车前、桔梗、刺儿菜、山莴苣、苣荬菜、蒲公英。

**保健饮料食品植物（1 种）**：山里红。

**野生药用植物（18 种）**：独行菜、龙牙草、苦参、蛇床、连翘、罗布麻、藿香、薄荷、黄芩、枸杞、龙葵、地黄、平车前、茜草、紫菀、旋覆花、香附子、玉竹。

**农药源植物（10 种）**：辣蓼、杠板归、垂序商陆、毛茛、白屈菜、苦参、蛇床、杠柳、野艾蒿、白茅。

**芳香油植物（8 种）**：侧柏、蛇床、藿香、薄荷、黄芩、黄花蒿、艾蒿、茵陈蒿。

**鞣料植物（12 种）**：白扦、垂柳、旱柳、蒙古栎、巴天酸模、费菜、水杨梅、地榆、花木蓝、鼠掌老鹳草、地锦草、鳢肠。

**树脂植物和树胶植物（3 种）**：油松、桃、乌蔹莓。

**蜜源植物（4 种）**：紫苜蓿、白花草木犀、草木犀、薄荷。

**饲料植物（23 种）**：蒿蓄、地肤、反枝苋、马齿苋、斜茎黄耆、紫苜蓿、白花草木犀、草木犀、歪头菜、刺儿菜、山莴苣、苦菜、无芒雀麦、拂子茅、西来稗、羊草、狼尾草、早熟禾、草地早熟禾、纤毛鹅观草、狗尾草、大油芒、鸭跖草。

**有毒植物（11 种）**：节节草、垂柳、藜、茴茴蒜、白屈菜、杠柳、益母草、龙葵、地黄、艾蒿、苍耳。
**化学药品原料植物（9 种）**：木贼、油松、白桦、桑、碱蓬、皂荚、黄花酢浆草、白蜡树、茜草。
**野生花卉植物（5 种）**：南蛇藤、千屈菜、鸡树条荚蒾、金花忍冬、红王子锦带。

## 三、植物科、属的分布区类型

### （一）科的分布区类型

依据《世界种子植物科的分布区类型系统》（吴征镒等，2003），北戴河国家湿地公园的种子植物（91 科）在科级水平上可划分为 7 个类型和 5 个变型。

**1. 类型（75 科）**

世界广布（44 科）、热带广布（20 科）、东亚（热带、亚热带）及热带南美间断分布（3 科）、旧世界温带分布（1 科）、北温带分布（3 科）、东亚及北美间断分布（2 科）和中国特有（2 科）。

**2. 变型（16 科）**

热带亚洲－热带非洲－热带美洲分布（1 科）、以南半球为主的泛热带分布（1 科）、澳大利亚东部和/或东北部分布（1 科）、北温带和南温带间断分布（12 科）、欧亚和南美洲温带间断分布（1 科）。

### （二）属的分布区类型

根据《种子植物分布区类型及其起源与分化》（吴征镒等，2006），北戴河国家湿地公园的被子植物（249 属）在属级水平上可划分为 13 个类型和 11 个变型。

**世界广布**：47 属，占总属数的 18.95%。

**旧世界温带分布**：32 属，占总属数的 12.90%。变型为地中海区、西亚（或中亚）和东亚间断分布（1 属）。

**温带亚洲分布**：7 属，占总属数的 2.82%。

**东亚分布**：27 属，占总属数的 10.89%。变型为中国－日本分布（6 属）。

**热带广布**：36 属，占总属数的 14.52%。变型为以南半球为主的泛热带分布（1 属）。

**东亚（热带、亚热带）及热带南美间断分布**：13 属，占总属数的 5.24%。变型为中、南美热带至温带的广大区域分布（11 属）。

**旧世界热带分布**：19 属，占总属数的 7.66%。

**热带亚洲至热带大洋洲分布**：11 属，占总属数的 4.44%

**热带亚洲至热带非洲分布**：5 属，占总属数的 2.02%。变型为非洲南部和/或东部及马达加斯加间断分布（1 属）。

**热带亚洲分布**：4 属，占总属数的 1.61%。变型为西马来（在新华莱斯线以西）分布（3 属）、全分布区东达新几内亚分布（2 属）、全分布区东南达西太平洋诸岛弧（包括新喀里多尼亚和斐济）分布（2 属）。

**北温带分布**：60 属，占总属数的 24.19%。变型为北温带和南温带间断分布（21 属）、欧亚和南美温带间断分布（1 属）。

**东亚及北美间断分布**：14 属，占总属数的 5.65%。变型为东亚和墨西哥间断分布（7 属）。

**中国特有**：4 属，占总属数的 1.61%。

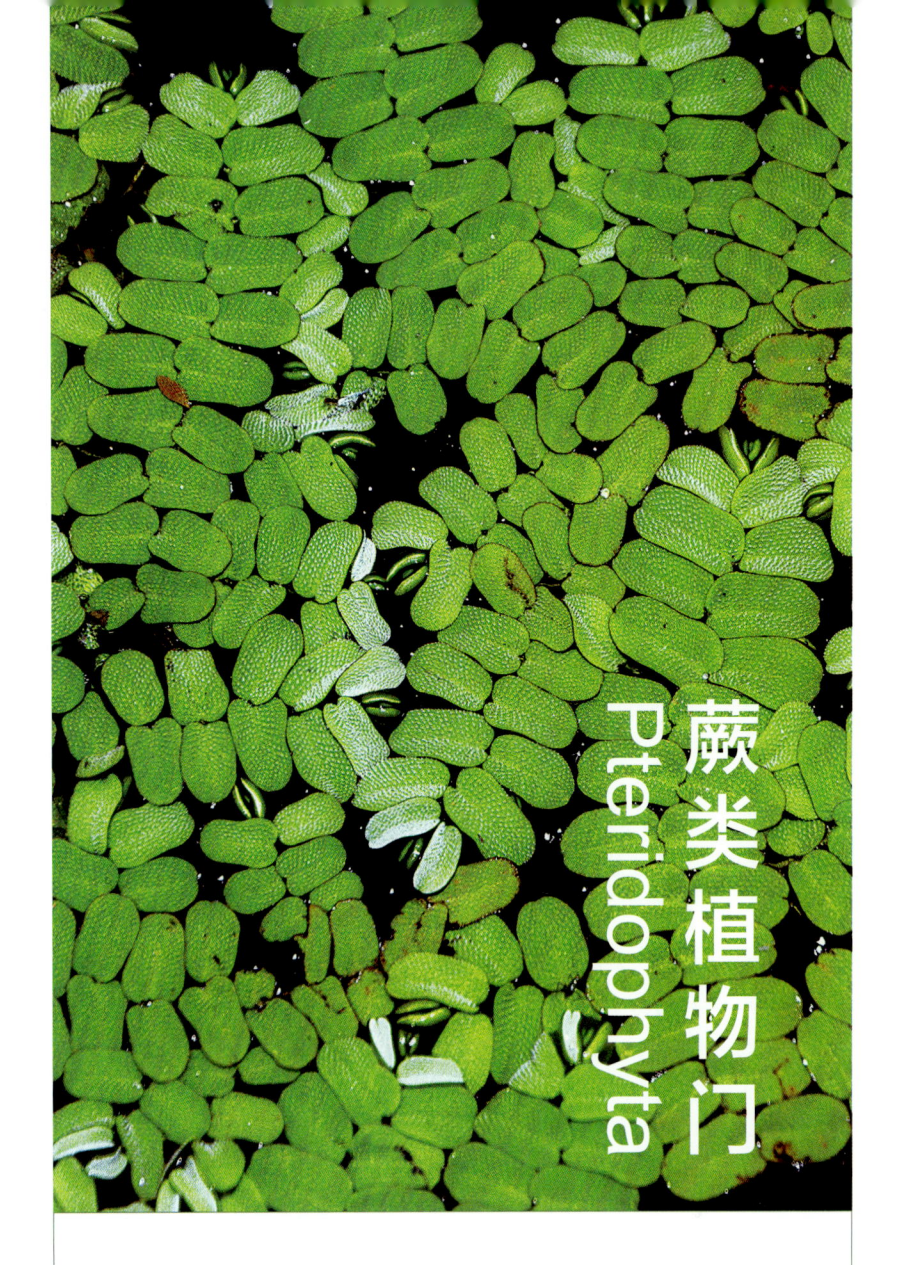

# 蕨类植物门 Pteridophyta

　　蕨类植物是地球上出现最早的、不产生种子的陆生维管植物，也是高等植物中唯一一个孢子体和配子体均能独立生活的类群，广泛分布于世界各地，尤以热带和亚热带最为丰富。蕨类大多喜生于温暖阴湿的森林环境，是森林植被中草本层的重要组成部分。我国有蕨类植物63科221属2270种，占世界蕨类总种数的19.21%。蕨类植物门可分为5个亚门：松叶蕨亚门、石松亚门、水韭亚门、楔叶亚门和真蕨亚门。

## 木贼科 Equisetaceae

### 木贼属 *Equisetum*

**木贼 *Equisetum hyemale* L.**

根状茎黑褐色；地上茎有纵棱脊20~30条，每条棱脊具硅质的疣状突起2行。叶鞘顶端及基部各有一棕黑色环圈，叶鞘齿钻形，背面有两条棱脊。孢子囊穗长圆形，具小尖头。河北各地均有分布。生于田边、沟旁及山坡石缝中，喜潮湿和直射阳光。全草入药，有清热利尿、止血、消肿等功效；对牲畜有毒。见于北戴河国家湿地公园槐杨路林缘及林下空旷处。

## 木贼科 Equisetaceae

### 木贼属 *Equisetum*

**节节草 *Equisetum ramosissimum* Desf.**

根状茎横走，黑色；地上茎一型，直立，基部分枝，各分枝中空，有棱脊6~20条，每条棱脊具硅质的疣状突起，沟内有气孔线1~4行。节间基部的叶鞘筒状，长约2倍于径，鞘齿短三角形，褐色，近膜质；每节有小枝2~5个。孢子囊穗生于分枝顶端，长圆形，有小尖头，无柄。河北各地均有分布。生于潮湿路旁、沙地、低山砾石地或溪边。全草入药，有明目退翳、清热利尿、止血及消肿等功效。见于北戴河国家湿地公园陈列馆路附近荒地。

## 木贼科 Equisetaceae

### 木贼属 *Equisetum*

**问荆** *Equisetum arvense* L.

多年生草本。根状茎横生，有黑褐色小球茎。叶鞘鞘齿具膜质白色狭边。孢子囊穗顶生，孢子叶六角形。孢子成熟后，根状茎生出营养茎，具棱脊6~15条，每节7~11分枝，与主茎呈锐角开展。河北各地均有分布。生于河道沟旁、田边、荒野、路边及山坡石缝中。全草入药，具清热、凉血、解毒、利尿、消肿的功效。见于北戴河国家湿地公园陈列馆路附近荒地。

## 槐叶苹科 Salviniaceae

### 槐叶苹属 *Salvinia*

**槐叶苹 *Salvinia natans* (L.) All.**

漂浮植物。茎细长，浮于水面，无根。叶3枚轮生，1枚形似根，沉于水中，另2枚平展，浮于水面，似槐叶，侧脉间有5～9个突起。孢子果4～8个丛生于叶基部，有大小之分，大孢子果小，生少数有短柄的大孢子囊，小孢子果稍大，生多数有长柄的小孢子囊。产于河北唐山柏各庄农场、安新白洋淀、正定、邢台等地。喜温暖、无污染的静水水域。全草入药，能清热解毒、活血止疼。见于北戴河国家湿地公园槐杨路附近池塘。

# 裸子植物门 Gymnospermae

　　裸子植物是介于蕨类植物和被子植物之间的维管植物，最早出现于古生代的泥盆纪，仍保留有颈卵器，能够产生种子。现今的裸子植物中不少种类出现于距今 6500 万～260 万年前的新生代古近纪和新近纪，又经历第四纪冰川时期而保留下来并繁衍至今。中国是世界上裸子植物最丰富的国家，有 12 科 42 属 245 种，分别占世界现存裸子植物科、属、种总数的 80%、51.22% 和 28.82%，分为 5 个纲：苏铁纲、银杏纲、松柏纲、红豆杉纲和买麻藤纲。

## 银杏科 Ginkgoaceae

### 银杏属 *Ginkgo*

**银杏 *Ginkgo biloba* L.**

落叶乔木。叶在长枝上呈螺旋状排列，在短枝上簇生；叶扇形，顶端2裂，有多数叉状平行细脉。球花单性，雌雄异株；雄球花呈葇荑花序，雌球花花梗端通常分2叉，每叉顶有一裸生胚珠。种子核果状。花期4~5月，种子成熟期9~10月。河北各地均有栽培。喜光，喜温暖，宜在湿润、肥沃的砂质壤土上生长。种子、叶可入药，具敛肺气、定喘嗽、止带浊、缩小便的功效；树形优美，叶形奇特，是理想的园林绿化树种。见于北戴河国家湿地公园2号门南侧栽培。

## 松科 Pinaceae

### 云杉属 *Picea*

**白扦 *Picea meyeri* Rehd. et E. H. Wilson**

常绿乔木。树皮呈不规则的薄片块状脱落。一年生枝黄褐色，二至三年生枝淡黄褐色。叶四棱状条形，有白色气孔线。球果长圆状圆柱形；种子倒卵圆形，种翅倒宽披针形。花期4~5月，果期9~10月。产于河北小五台山、雾灵山；河北各地均有栽培。耐阴，耐寒，喜凉爽湿润的气

候和肥沃深厚、排水良好的微酸性砂质土壤，浅根性。可作为房屋建筑、电线杆、桥梁、家具等用材及木纤维工业原料。见于北戴河国家湿地公园2号楼及9号楼南侧附近栽培。

## 松科 Pinaceae

### 松属 *Pinus*

**白皮松 *Pinus bungeana* Zucc. ex Endl.**

常绿乔木。宽塔形至伞形树冠，树皮呈不规则的鳞片块状脱落。针叶3针一束，长5~10cm，叶背及腹面两侧均有气孔线。雄球花多数聚生于新枝基部呈穗状。球果卵圆形，种鳞长圆状宽楔形，鳞脐顶端有刺；种子灰褐色。花期4~5月，果期翌年10~11月。中国特有种；河北各地均有栽培。喜光，耐瘠薄土壤，在气候温凉，土层深厚、肥润的钙质土和黄土环境中生长良好。树形优美，树皮奇特，可供观赏；木材可作为房屋建筑、家具、文具等用材；种子可食。见于北戴河国家湿地公园2号楼和3号楼附近栽培。

## 松科 Pinaceae

### 松属 *Pinus*

**油松 *Pinus tabuliformis* Carr.**

常绿乔木。树皮呈不规则的鳞片块状脱落。针叶2针一束，两面具气孔线。球果圆卵形，常宿存数年之久；鳞盾肥厚，扁菱形，鳞脊突起有尖刺；种子淡褐色有斑纹。花期4~5月，果期翌年10月。河北各地均有栽培。深根性，喜光，抗瘠薄，抗风，在土层深厚、排水良好的酸性、中性或钙质黄土上均能生长。可作为房屋建筑、电线杆、矿柱等用材及木纤维工业原料；树干可割取油脂，提取松节油；树皮可提取栲胶；松节、针叶、花粉均可入药。见于北戴河国家湿地公园1号门附近栽培。

# 杉科 Taxodiaceae

## 水杉属 *Metasequoia*

### 水杉 *Metasequoia glyptostroboides* Hu et W. C. Cheng

落叶乔木。树皮灰褐色，幼树树皮呈薄片状脱落，老树树皮裂成长条状脱落。幼树树冠尖塔形，老树树冠椭圆形。侧生小枝排成羽状，叶线形，羽状，冬季与枝一同脱落。球果近四棱状球形；种子扁平，倒卵形，有窄翅。花期2月下旬，种子成熟期11月。产于重庆石柱、湖北利川、湖南龙山及桑植山区；河北各地偶有栽培。喜光，不耐贫瘠和干旱。可作为房屋建筑、电线杆、家具等用材及木纤维工业原料。见于北戴河国家湿地公园2号楼附近栽培。

## 柏科 Cupressaceae

### 侧柏属 *Platycladus*

**侧柏 *Platycladus orientalis* (L.) Franco**

乔木。树皮浅灰褐色，呈条片状脱落。叶紧贴枝上，尖头下有腺点。雄球花黄色，卵圆形；雌球花近球形，蓝绿色，被白粉。球果近卵圆形，成熟后木质化、开裂，红褐色；种子近卵形，深褐色。花期3~4月，种子成熟期10月。河北邢台有天然林。喜光，幼时稍耐阴，适应性强，对土壤要求不严，在酸性、中性、石灰性和轻盐碱土壤上均可生长。可材用、造林和绿化；枝梢、叶、种仁入药。见于北戴河国家湿地公园2号门南侧栽培。

## 柏科 Cupressaceae

### 刺柏属 *Juniperus*

**圆柏 *Juniperus chinensis* L.**

常绿乔木。树皮深灰色，呈窄条状脱落。刺叶与鳞叶共存，幼树多刺叶，腹面凹陷，有2条白色气孔带，老树多鳞叶。雌雄异株。球果成熟时紫黑色，有白粉；种子褐色，呈不规则三棱形。花期4月，种子成熟期翌年9月。河北小五台山有天然林，易县龟山有人工林。阳性树种，深根性，耐干旱，在中性、酸性及石灰性土壤上均能生长，适应性强。木材坚韧致密，可做家具等；树形优美，为庭园观赏树种；种子和叶可入药。见于北戴河国家湿地公园3号楼附近栽培。

## 柏科 Cupressaceae

### 刺柏属 *Juniperus*

**叉子圆柏 *Juniperus sabina* L.**

**别名：砂地柏**

匍匐灌木。枝密，斜上伸展，枝皮灰褐色，呈薄片状脱落。叶二型，刺叶与鳞叶共存，常交互对生或兼有3枚叶交叉轮生。雌雄异株，稀同株，雄球花椭圆形，雌球花曲垂。球果熟前蓝绿色，熟时褐色至紫蓝色或黑色，倒三角状球形；种子微扁，有纵脊与树脂槽。河北各地偶有栽培。喜光，喜凉爽干燥的气候，耐寒，耐干旱，耐瘠薄。是良好的水土保持及固沙造林绿化树种。见于北戴河国家湿地公园3号楼及南门附近栽培。

# 被子植物门
# Angiospermae

　　被子植物是自然界植物类群中种类最多、分布最广、进化层次最高、结构最为复杂、功能最为完善的一类高等植物。被子植物具有比蕨类植物和裸子植物更高的光能利用效率、更强的适应性。全世界被子植物种类最丰富的国家是地处热带的巴西和哥伦比亚，中国位列第三位。中国约有被子植物244科3158属29 816种，分别约占世界现存被子植物科、属、种总数的61%、31%和12%。被子植物可分为2个纲：双子叶植物纲和单子叶植物纲。现代被子植物有4个著名的分类系统：恩格勒系统（1897年）、哈钦松系统（1926年）、塔赫他间系统（1942年）和克朗奎斯特系统（1958年）。

## 胡桃科 Juglandaceae

### 枫杨属 *Pterocarya*

**枫杨** *Pterocarya stenoptera* C. DC.

**别名**：麻柳

落叶乔木。小枝具灰黄色皮孔，芽密被锈褐色盾状着生的腺体。偶数羽状复叶，叶轴具窄翅；小叶长圆状披针形，纸质，基部歪斜，边缘有细锯齿。柔荑花序先叶开放，花黄绿色；雄花序生于老枝叶腋，雌花序生于新枝顶端。果翅狭，条形或阔条形。花期5～6月，果期8～9月。河北各地偶有栽培。喜光树种，喜深厚、肥沃、湿润的土壤，不耐长期积水。木材可制作家具、农具等；可作为麻类代用品、人造棉原料及造纸；果可制肥皂及润滑油；树皮及根皮入药，能消肿止痛；叶可作土农药。见于北戴河国家湿地公园新河北路栽培。

## 杨柳科 Salicaceae

### 杨属 *Populus*

**毛白杨** *Populus tomentosa* Carr.

乔木。树皮幼时暗灰色，壮时灰绿色，老时黑灰色，皮孔菱形。叶三角状卵形，基部心形或截形，边缘为波状牙齿缘，表面暗绿色，背面密生毡毛，后渐脱落。雄花序长10～20cm，雌花序长4～7cm。蒴果2瓣裂。花期3月，果期5月。河北各地广泛栽培。深根性，耐旱力较强，在黏土、壤土、沙壤土或低湿轻度盐碱土上均能生长。可材用和造纸；根、树皮、花均可入药，主治支气管炎等。见于北戴河国家湿地公园管理房附近。

# 杨柳科 Salicaceae

## 杨属 *Populus*

### 河北杨 *Populus* × *hopeiensis* Hu et Chow

乔木。树皮灰白色或青白色，光滑，有白粉。叶卵圆形或近圆形，先端急尖，基部近截形，边缘具3~7个内弯的齿或波状齿，表面暗绿色，背面灰白色。雄蕊6枚；雌花序长3~5cm，心皮2个，柱头2个，2裂。花期5月，果期6月。产于河北涿鹿西灵山、易县大峪口。生于黄土丘陵山坡或山沟。耐寒，耐干旱，喜湿润，但不抗涝。木材较坚硬，可作为房屋建筑用材；根蘖力强，可在黄土丘陵及沙地上种植的良好树种。见于北戴河国家湿地公园9号楼南侧成片栽培。

## 杨柳科 Salicaceae
### 杨属 *Populus*

**青杨 *Populus cathayana* Rehd.**

乔木。树皮幼时灰绿色，平滑，老时灰白色，浅纵裂。叶长卵圆形，边缘具腺锯齿，侧脉5～7条。雄花序长5～6cm，雌花序长4～5cm。蒴果3～4瓣裂。花期3～5月，果期5～7月。产于河北承德围场、张家口蔚县小五台山。生于山坡、沟底溪旁的杂木林中。喜温凉、湿润，比较耐寒。木材纹理细致，材质轻软，纤维含量高，可作为家具、建筑等用材与胶合板及造纸原料。见于北戴河国家湿地公园高架栈桥附近。

## 杨柳科 Salicaceae
### 杨属 *Populus*

**加杨 *Populus* × *canadensis* Moench**

乔木。树皮灰褐色，有沟裂。叶三角状卵圆形，边缘半透明，有圆齿。雄花序长7～13cm，雄蕊15～25枚；雌花序长3～5cm，柱头2～3裂；果穗与雄花序近等长。花期4月，果期5月。原产于北美洲东部；河北各地多栽培。喜温暖湿润气候，耐瘠薄及微碱性土壤。木材白色中稍带淡黄褐色，纹理直，易干燥，可作为造纸、人造纤维、箱板原料及房屋建筑用材；树冠宽阔，叶片大而有光泽，常作为行道树、庭荫树及用于营造防护林。见于北戴河国家湿地公园管理房附近。

## 杨柳科 Salicaceae

### 柳属 Salix

**旱柳 Salix matsudana Koidz.**

乔木。树皮深裂，暗灰黑色。叶披针形，边缘有明显的细锯齿，表面绿色，背面灰白色。雄花序长1.5~2.5cm，雌花序长约1.2cm。蒴果2瓣裂；种子具极细的丝状毛。花期4月，果期5月。河北各地均有分布和栽培。喜光，耐寒，湿地和旱地上皆能生长，但以湿润且排水良好的土壤上生长最好。可材用和饲用；蜜源植物；根皮可入药。见于北戴河国家湿地公园环湖路。

## 杨柳科 Salicaceae

### 柳属 Salix

**垂柳 Salix babylonica L.**

乔木。叶狭披针形，先端渐长尖，基部楔形，边缘有细锯齿。花序具短梗，弯曲；雄花序长1~2cm，雄蕊2枚；雌花序长约2cm。蒴果2瓣裂，内有种子2~4粒；成熟种子绿色，外被白色柳絮。花期3~4月，果期4月。河北各地均有栽培。喜光，喜温暖湿润气候，较耐寒，特耐水湿。木材纹理直，轻软而坚韧，可作为农具及房屋建筑用材；叶及皮含有水杨糖苷，可作为解热剂。见于北戴河国家湿地公园11号楼附近。

## 桦木科 Betulaceae

### 桦木属 *Betula*

**白桦 *Betula platyphylla* Suk.**

落叶乔木。树皮白色，纸质，呈薄片状脱落。叶卵状三角形，边缘具不整齐的钝锯齿，侧脉6~7对，脉上有腺点。雄花序成对顶生。果序单生于叶腋，下垂。小坚果具膜质翅。花期5~6月，果期8~10月。产于河北围场、兴隆雾灵山、遵化、蔚县小五台山、阜平、易县、平山。生于山坡或林中。深根性，耐瘠薄，喜酸性土，不耐阴，耐严寒，在沼泽地、干燥阳坡及湿润阴坡上均能生长。可材用；可提取染料。见于北戴河国家湿地公园5号楼附近成片栽培。

## 桦木科 Betulaceae

### 榛属 *Corylus*

**榛 *Corylus heterophylla* Fisch. ex Trautv.**

落叶灌木。树皮灰褐色，枝有圆形的髓心。叶片宽倒卵形，中央处具三角形突尖，边缘有不规则的大小锯齿。雄花序单生或2~3个簇生；雌花序2~6个簇生于枝端。坚果1~4个簇生。花期3~4月，果期8~9月。产于河北围场、兴隆雾灵山、青龙、蔚县小五台山、阜平、平山、灵

寿、赞皇。生于荒山坡阔叶林中。抗寒，喜湿润气候，喜光。可食用和饲用；可提取栲胶。见于北戴河国家湿地公园5号楼附近。

## 壳斗科 Fagaceae

### 栎属 Quercus

**蒙古栎 Quercus mongolica Fisch. ex Ledeb.**

落叶乔木。树皮灰褐色，深纵裂。叶倒卵形，基部耳形，边缘有波状钝齿牙。雄花序腋生于新枝上，雌花1～3朵生于枝梢。壳斗杯形，壁厚；苞片覆瓦状，背面有瘤状突起。花期5月，果期10月。产于河北围场、兴隆雾灵山、山海关、遵化、涿鹿、蔚县小五台山、涞源、易县、阜平、平山。生于阳坡。喜温暖湿润气候，对土壤要求不严，耐瘠薄，不耐水湿。种子含淀粉；树皮和壳斗含鞣质；入药治肠炎、痢疾；木材坚硬，可作为房屋建筑等用材；叶可养蚕。见于北戴河国家湿地公园9号楼附近栽培。

## 榆科 Ulmaceae

### 榆属 Ulmus

**榆 Ulmus pumila L.**

**别名：** 家榆，白榆，榆树

乔木。叶椭圆状卵形，叶柄长2～8mm，边缘具齿。花先叶开放，簇状聚伞花序；花被片4～5片；雄蕊4～5枚，花药紫色，伸出花被之外。翅果近圆形或宽倒卵形；种子位于翅果近上部。花期3月，果期4月。产于河北各地，野生或栽培。喜土壤湿润、肥沃，耐盐碱性较强，不耐水淹，对烟和氟化氢等有毒气体的抗性较强。木材坚硬，可作为房屋建筑、农具等用材；枝皮纤维为造纸原料；嫩果、幼叶可食或作为饲料；种子可榨油；果、树皮和叶入药，具安神，利小便，治神经衰弱、失眠和肢体浮肿的功效。见于北戴河国家湿地公园新河北路附近栽培。

## 杜仲科 Eucommiaceae

### 杜仲属 *Eucommia*

**杜仲 *Eucommia ulmoides* Oliv.**

落叶乔木。叶椭圆形或椭圆状卵形，边缘有锯齿，撕开有银白色细丝。花与叶同时或先叶开放。具翅小坚果。花期4~5月，果期9~10月。河北各地均有栽培。喜温暖湿润气候和阳光充足的环境，耐严寒，以土层深厚、疏松肥沃、湿润、排水良好的壤土最宜。为制造海底电缆和黏着剂的重要材料；树皮入药，具补肝肾、强筋骨、安胎、降血压的功效；木材可作为家具、舟车及房屋建筑用材；种子可榨油。见于北戴河国家湿地公园12号楼附近栽培。

## 桑科 Moraceae

### 桑属 Morus

**桑 Morus alba L.**

落叶乔木。叶互生,卵形或宽卵形,叶柄长1.5~3.5cm,托叶披针形。柔荑花序,雄花序较雌花序长,花被片4片;雌、雄花均无梗。聚花果(桑椹)长1~2.5cm,黑紫色或白色。花期5月,果期7月。产于河北昌黎、承德、香河、易县、定兴等地。喜温暖湿润气候,稍耐阴,耐干旱,不耐涝,耐瘠薄。叶饲蚕;木材坚实、细密,可制农具和乐器;茎皮纤维是造纸、纺织原料;根皮入药,为利尿镇咳药;果可生食及入药。见于北戴河国家湿地公园环湖路、新河北路附近栽培。

## 桑科 Moraceae

### 桑属 Morus

**鸡桑 Morus australis Poir.**

落叶灌木或小乔木。树皮灰褐色,纵裂。叶互生,卵圆形,长6~17cm,宽6~13cm,先端渐尖,基部近心形,边缘有钝或锐锯齿,常有裂,叶柄长1.5cm。雄花序长1.5~3cm,雄花有短柄,花被片长卵形,绿色;雌花序长约1cm,花被片长圆形,暗绿色,花柱明显,柱头2裂,与花柱等长。聚花果长1~1.5cm,白色、红色或暗紫色。花期4~5月,果期7~8月。产于河北昌黎。生于向阳山坡或沟谷。耐干旱、瘠薄,亦耐寒,喜光,喜温暖湿润的环境,在深厚、疏松肥沃的土壤上生长良好。木材可制农具和乐器;茎皮纤维是造纸、纺织原料;根皮入药,为利尿镇咳药;果可生食及入药。见于北戴河国家湿地公园陈列馆路附近。

## 桑科 Moraceae

### 构属 Broussonetia

**构树 Broussonetia papyrifera (L.) L'Heritier ex Ventenat**

落叶乔木。小枝粗壮，密生绒毛。叶长圆状卵形，先端渐尖，基部心形，边缘具粗锯齿，不分裂或3～5裂，叶脉3出。雌雄同株；雄花为柔荑花序，雌花序头状。聚花果球形，肉质，橘红色。花期5月，果期9～10月。产于河北昌黎、承德、保定、石家庄。常野生于荒地、田园及沟旁。喜光，耐干旱、瘠薄，耐烟尘，抗大气污染能力强。枝条内皮纤维是制作宣纸的原料；种子油供制肥皂、油漆用；果及根皮入药，可补肾利尿、强筋骨。见于北戴河国家湿地公园科研中心周边。

## 桑科 Moraceae

### 葎草属 *Humulus*

**葎草** *Humulus scandens* (Lour.) Merr.

一年生缠绕草本。茎和叶柄均有倒刺。叶纸质，肾状五角形，掌状5～7深裂，稀为掌状3裂，基部心形，边缘具锯齿。雌雄异株；雄花序圆锥形，雌花序近球形。瘦果黄褐色，扁球形。花期7～8月，果期9～10月。河北各地均有分布，为常见杂草。适应能力强，适生幅度宽，常生于沟边、路旁和荒地。茎纤维可作为造纸及纺织原料；全草入药，能清热解毒、凉血；种子可提制工业用油。见于北戴河国家湿地公园9号楼南侧。

## 荨麻科 Urticaceae

### 荨麻属 *Urtica*

**狭叶荨麻** *Urtica angustifolia* Fisch. ex Hornem.

多年生草本。茎直立，四棱，具螫毛。单叶对生，叶长圆状披针形，边缘具粗大的牙齿或齿状锯齿。雌雄异株，花序长达4cm，花被片4片。瘦果卵形，包于宿存花被内。花期7～8月，果期8～10月。河北各地均有分布，极为普遍。喜阴植物，生长迅速，对土壤要求不严，喜温，喜湿。茎皮纤维是很好的纺织和造纸原料；茎叶含鞣质，可提取栲胶；全草入药，具催吐、泻下、解毒的功效。见于北戴河国家湿地公园杨林花境附近林下。

## 蓼科 Polygonaceae

### 蓼属 Polygonum

**萹蓄 Polygonum aviculare L.**

一年生草本。茎常平卧，分枝多。叶窄，椭圆形，叶柄极短，托叶鞘膜质，淡白色。花1~5朵簇生于叶腋；花被5深裂，裂片具白色或粉红色边缘；花梗细，顶部具关节。瘦果三棱卵形，黑褐色，包于宿存花被内。花期5~7月，果期6~8月。生于路边、荒地、田边及沟边湿地。适应气候能力强，寒冷山区或温暖平坝地区都能生长，以排水良好的砂质壤土较好。嫩叶可入药，用作流产及分娩后子宫出血的止血剂或创伤用药，也可作饲料。见于北戴河国家湿地公园陈列馆路周边。

## 蓼科 Polygonaceae

### 蓼属 Polygonum

**红蓼 Polygonum orientale L.**

**别名：** 东方蓼，狗尾巴花

一年生草本。叶宽椭圆形，茎下部叶有长柄，上部叶柄较短；托叶鞘膜质。圆锥花序顶生，花穗下垂；花两性，粉红色、深红色或白色，花被5深裂。瘦果黑色，包于宿存花被内。花期6~9月，果期8~10月。河北各地均有分布，多栽培，也有野生。生于荒地、水沟边或房屋附近。喜温暖湿润环境，要求光照充足，喜肥沃、湿润、疏松的土壤，耐瘠薄，喜水又耐干旱。植株高大，花密集红艳，多栽培观赏；果入药，名"水红花子"，具活血、消积、止痛、利尿的功效。见于北戴河国家湿地公园新河北路。

## 蓼科 Polygonaceae

### 蓼属 Polygonum

**辣蓼 Polygonum hydropiper L.**

**别名：** 水蓼

一年生草本。叶互生，披针形或椭圆状披针形，两面密生腺点，托叶鞘膜质，边缘具短毛。花序穗状，下垂；花淡绿色或粉红色，花被5深裂，外面密布腺点。瘦果常扁卵形，暗褐色，微有光泽，包于宿存花被内。花期7~8月，果期9~10月。河北各地均有分布。生于山沟水边、河边、水田边，常成片。全草入药，叶有辣味，能消肿止痢、解毒。见于北戴河国家湿地公园湿地木栈道周边。

## 蓼科 Polygonaceae

### 蓼属 Polygonum

**马蓼** *Polygonum lapathifolium* L.

**别名：** 斑蓼，酸模叶蓼

一年生草本。叶披针形至宽披针形，基部楔形，表面有黑褐色斑块，背面散生腺点，托叶鞘圆筒形。圆锥花序顶生；花淡红色或绿白色，花被常4深裂。瘦果黑褐色，包于宿存花被内。花期6~7月，果期8~9月。河北各地均有分布。生于水沟边、浅水中、水田边、湿草地或荒地。全草入药，能清热解毒，治肠炎痢疾；幼嫩茎叶可作为猪饲料。见于北戴河国家湿地公园湿地木栈道附近。

## 蓼科 Polygonaceae

### 蓼属 Polygonum

**绵毛马蓼** *Polygonum lapathifolium* L. var. *salicifolium* Sibth.

**别名：** 绵毛酸模叶蓼

为酸模叶蓼的变种，主要区别在于该变种叶片背面密生灰白色绵毛，绵毛脱落后常成为棕黄色小点。花期6~7月，果期8~9月。河北各地均有分布。生于农田、路旁、河床等湿润处或低湿地。全草入药。见于北戴河国家湿地公园科研中心附近。

## 蓼科 Polygonaceae

### 蓼属 *Polygonum*

**杠板归 *Polygonum perfoliatum* L.**

**别名：** 犁头刺

一年生草本。茎蔓性，棱上有倒刺。叶近正三角形，全缘，先端微尖或钝，基部截形或稍心形，质薄，背面沿叶脉有钩刺；叶柄盾状着生，有倒刺；托叶鞘叶状，绿色，近圆形，抱茎。短穗状花序，苞片圆形，有2~4朵花，花白色或淡红色，花被片5深裂。瘦果球形，蓝色，包于宿存花被内。花期6~8月，果期8~9月。河北各地均有分布。生于山地水沟边，常攀附于灌丛上。全草入药，能清热解毒、利尿消肿。见于北戴河国家湿地公园环湖路。

## 蓼科 Polygonaceae

### 酸模属 *Rumex*

**巴天酸模 *Rumex patientia* L.**

多年生草本。根粗壮，鲜黄色。茎粗壮，直立，有棱槽。基生叶和茎下部叶长圆形，叶柄长且粗；茎上部叶窄小，近无柄；托叶鞘筒状。圆锥花序，花密集，两性，花被片6片。瘦果三棱形，褐色，包于宿存花被内。花期4～6月，果期5～8月。河北各地均有分布。生于水沟边、路边、田边或荒地上。根入药，能清热解毒、活血散瘀、止血；根含鞣质，可制栲胶；嫩茎叶可食。见于北戴河国家湿地公园新河东路周边。

## 蓼科 Polygonaceae

### 荞麦属 *Fagopyrum*

**荞麦 *Fagopyrum esculentum* Moench**

一年生草本。茎直立，质嫩，红色。叶互生，三角形或箭形，全缘；上部叶渐小，几无柄；托叶鞘膜质，浅褐色。总状花序组成伞房状，顶生和腋生；花两性，白色或粉红色，花被片5深裂，裂片卵形。瘦果有3条棱，棱锐，棕褐色。花期5～9月，果期7～10月。河北各地偶有种植。喜凉爽湿润，不耐高温、干旱，畏霜冻。种子胚乳多含淀粉，为粮食作物之一；种子、茎叶可入药。见于北戴河国家湿地公园花甸。

## 商陆科 Phytolaccaceae

### 商陆属 Phytolacca

**垂序商陆 Phytolacca americana L.**

**别名**：美洲商陆

多年生草本。根肉质肥大，圆锥形。叶椭圆状卵形或披针形，先端短尖，基部楔形，全缘。总状花序下垂，顶生或侧生；花两性，白色，微带红色；雄蕊10枚；心皮10个，合生。浆果扁球形，成熟时呈黑紫色；种子肾形，黑褐色。花期7～8月，果期8～10月。原产于北美洲。河北各地常见野生。根可入药，有催吐作用；种子能利尿；叶有解热作用。见于北戴河国家湿地公园新河北路附近。

## 马齿苋科 Portulacaceae

### 马齿苋属 Portulaca

**马齿苋 Portulaca oleracea L.**

一年生草本。全株肉质，茎分枝多，在地上偃卧而生。叶互生，长椭圆状楔形或匙形，质肥厚而柔软，通常由叶腋生短枝，着生数枚小形叶片，其后发育成分枝。花两性，3～5朵生于枝端叶丛中；总苞三角状广卵形，白绿色，花瓣5片。蒴果盖裂。花期5～8月，果期6～9月。河北各地广泛分布，常见于田间、荒地。全草入药，能清热解毒；营养丰富，可食用，也可作饲料。见于北戴河国家湿地公园管理房附近。

## 马齿苋科 Portulacaceae
### 马齿苋属 Portulaca

**大花马齿苋 Portulaca grandiflora Hook.**

**别名**：太阳花

一年生草本。茎匍匐或半向上生长。叶散生，肉质，先端急尖，上部叶较长，呈总苞状，叶具束生长毛。花顶端簇生，萼片2片，花瓣5片，先端稍凹入，颜色多样。蒴果盖状周裂。花期6~9月，果期8~11月。河北各地广泛栽培。喜温暖、阳光充足的环境，阴暗潮湿之处生长不良，极耐瘠薄，一般土壤都能适应。花色繁多，可供观赏。见于北戴河国家湿地公园花甸、陈列馆路附近。

## 石竹科 Caryophyllaceae
### 鹅肠菜属 Myosoton

**鹅肠菜 Myosoton aquaticum (L.) Moench**

**别名**：牛繁缕

二年或多年生草本。叶对生，卵形或长圆状卵形，顶端急尖，基部稍心形，上部叶常无柄或具短柄。二歧聚伞花序顶生，花梗于花后下垂；萼片5片，离生；花瓣5片，白色，2深裂至基部，裂片披针状线形。蒴果；种子肾圆形，暗棕色，具刺状突起。花期5~8月，果期6~9月。产于河北涞源、灵寿、内丘。生于荒地、路旁及较阴湿草地处。全草入药，具破血、解毒、清热、消肿的功效，鲜草捣汁服用可治痢疾及催乳等；幼苗可食。见于北戴河国家湿地公园管理房附近空地。

## 石竹科 Caryophyllaceae

### 肥皂草属 Saponaria

**肥皂草 Saponaria officinalis L.**

多年生草本。叶对生，椭圆形、椭圆状披针形或长圆形，基部渐狭成短柄状，半抱茎，具3或5基出脉。聚伞花序，具3～7朵花；花瓣5片，淡粉红色或白色；雄蕊10枚；花柱2个。蒴果4齿裂；种子肾形。花果期6～9月。原产于欧洲；河北各地庭园常见栽培。喜光，耐半阴，耐寒，耐修剪。根可入药，为祛痰、治疗支气管药物及轻泻剂、利尿剂；根还可用于印染、纺织、食品工业；煎剂产生大量泡沫，可以去油污。见于北戴河国家湿地公园葡萄长廊北侧。

## 石竹科 Caryophyllaceae

### 蝇子草属 Silene

**麦瓶草 Silene conoidea L.**

**别名：** 米瓦罐

一年生草本。全株被腺毛。基生叶匙形，茎生叶对生，椭圆状披针形或披针形，基部渐窄，全缘。聚伞花序顶生，具少数花；萼筒具30条显著的脉，脉间膜质；花瓣5片，粉红色，喉部有2鳞片。蒴果6齿裂，包于萼内；种子表面有成行的疣状突起。花期4～5月，果期5～6月。产于河北灵寿、内丘、磁县。生于低山或平原麦田或荒地上，为麦田杂草。全草入药，具止血、调经活血的功效；基生叶称作"面条菜"，是老百姓喜欢的一种野菜。见于北戴河国家湿地公园陈列馆路附近。

## 石竹科 Caryophyllaceae

### 石竹属 Dianthus

**石竹 Dianthus chinensis L.**

多年生草本。叶线状披针形，基部渐狭成短鞘，抱茎节。花1～3朵组成聚伞状花序；萼下苞片2对，具细长芒尖；花瓣菱状倒卵形，淡红色、粉红色或白色，先端齿裂，喉部有斑纹。蒴果圆筒形。花期5～6月，果期7～9月。河北各地均有分布和栽培。耐寒，耐干旱，不耐酷暑，喜阳光充足、干燥、通风的环境，忌水涝。常作为观赏花卉；根和全草入药，具清热利尿、破血通经、散瘀消肿的功效。见于北戴河国家湿地公园陈列馆路附近栽培。

## 藜科 Chenopodiaceae

### 藜属 *Chenopodium*

**灰绿藜 *Chenopodium glaucum* L.**

一年生草本。叶互生，具大波状牙齿缘，背面淡紫红色，被白粉。花于叶腋处聚集成短穗状，花被片3~4。胞果不完全包于花被内。花期5~9月，果期8~10月。河北各地均有分布。生于盐碱地、水边、田间、荒地或路旁。茎叶可提取皂素；可作为牲畜的良好饲料。见于北戴河国家湿地公园科研中心附近。

## 藜科 Chenopodiaceae

### 藜属 *Chenopodium*

**藜 *Chenopodium album* L.**

一年生草本。叶互生，具长柄，边缘具不整齐锯齿，背面被白粉。圆锥状花序；花两性，花被片5，具纵隆脊和膜质边缘。胞果包于花被内或顶端稍露；种子横生，黑色，光亮。花果期5~10月。河北各地均有分布。生于田间、荒地、路旁、宅旁等地。全草入药，具止泻痢、止痒的功效；嫩茎叶入沸水锅焯，洗去苦味，可凉拌作为野菜食用；种子榨油，供食用和工业用。见于北戴河国家湿地公园管理房附近。

## 藜科 Chenopodiaceae
### 地肤属 *Kochia*

**地肤 *Kochia scoparia* (L.) Schrader**

一年生草本。叶互生，披针形，几无柄。花两性或雌性，聚集成稀疏的穗状花序；花被片5，基部合生，果期自背部近先端处有绿色隆脊和横生的龙骨状突起。胞果扁球形，包于花被内；种子横生，扁平，胚半环形。花期6～9月，果期7～10月。河北各地均有分布。生于田间、荒地、路旁、堤岸、宅旁。喜温，喜光，耐干旱，不耐寒，较耐碱性土壤。种子含油，供食用和工业用；种子和全草入药，能清湿热，可作为利尿剂；鲜嫩茎叶可作为野菜食用。见于北戴河国家湿地公园花甸周边。

## 藜科 Chenopodiaceae
### 碱蓬属 *Suaeda*

**碱蓬 *Suaeda glauca* (Bunge) Bunge**

一年生草本。茎具细条纹。叶线形，肉质，互生，光滑或被粉粒。具两性花和雌花，单生或数朵簇生于叶腋的短柄上，排列成聚伞花序；花被片5片，长圆形；小苞片2片，短于花被。果有二型，其一扁平，另一呈球形；胚螺旋状卷曲。花期7～8月，果期10月。河北各地均有分布。生于堤岸、洼地、荒野盐碱地上。喜高湿，耐盐碱，耐贫瘠。种子含油量约25%，可制作肥皂、油漆、油墨和涂料；嫩叶可供食用。见于北戴河国家湿地公园陈列馆路附近。

## 藜科 Chenopodiaceae
### 碱蓬属 Suaeda

**盐地碱蓬 *Suaeda salsa* (L.) Pall.**

一年生草本。茎常具红紫色条纹。叶互生，无柄，肉质，线形。具两性花和雌花，穗状花序；小苞片膜质，白色；花被片5；雄蕊5枚，花柱2个。果皮薄膜质，成熟时开裂；种子两面凸，黑色，表面有光泽，网纹不明显。花期8～9月，果期9～10月。产于河北盐碱地及沿海区域多有分布。生于盐碱地、碱湖边、碱斑地或湿草地。幼苗可食；种子含油量约20%，供食用或制作肥皂；油渣为良好的饲料和肥料。见于北戴河国家湿地公园大潮坪。

## 藜科 Chenopodiaceae
### 猪毛菜属 Salsola

**猪毛菜 *Salsola collina* Pall.**

一年生草本。叶线状圆形，先端有硬针刺，肉质。花两性，生于茎顶，排列成细长穗状；苞片卵状，边缘白色膜质，先端具针刺；花被片5片，膜质。胞果倒卵形，果皮膜质；种子顶端截形，胚螺旋状。花果期7～10月。河北各地均有分布。生于村边、路旁、荒地及含盐碱的砂质土壤上。全草入药，具降血压的功效；嫩叶可食。见于北戴河国家湿地公园槐杨东路附近。

# 苋科 Amaranthaceae

## 苋属 *Amaranthus*

### 反枝苋 *Amaranthus retroflexus* L.

一年生草本。叶菱状或椭圆状卵形，具芒尖，基部楔形。圆锥花序，花单性，雌雄同株，聚集成多毛刺的花簇；苞片披针状锥形，具针芒；花被片白色，薄膜状，顶端具突尖。胞果包于花被内；种子成熟时黑色或黑褐色。花期7~8月，果期8~9月。原产于热带美洲；为归化植物，河北各地均有分布，为极普遍的杂草。喜湿润环境，耐干旱，不耐阴。幼茎叶可作为野菜，亦为良好的猪饲料，又可作为青贮饲料。见于北戴河国家湿地公园高架栈桥附近。

## 苋科 Amaranthaceae

### 苋属 Amaranthus

**绿穗苋 Amaranthus hybridus L.**

一年生草本。叶卵形或菱状卵形，基部楔形，表面近无毛，背面疏生柔毛。花序顶生，分枝穗状，细长，中间花穗最长；苞片及小苞片钻状披针形，中脉坚硬，绿色；花被片矩圆状披针形，中脉绿色。胞果卵形，环状横裂；种子近球形。花期7～8月，果期9～10月。河北各地均有分布。生于田野、旷地或山坡。茎叶可作为蔬菜食用；适口性好，为优良饲料。见于北戴河国家湿地公园槐杨东路附近，较为常见。

## 苋科 Amaranthaceae

### 苋属 Amaranthus

**长芒苋 Amaranthus palmeri S. Watson**

一年生草本。茎直立，分枝斜展至近平展。叶卵形至菱状卵形，先端常具小突尖，基部楔形，下延，侧脉每边3～8条，叶柄长，纤细。雌雄异株；穗状花序生于茎顶和侧枝顶端，直立或略弯曲，顶生花序长可达60cm；苞片钻状披针形，先端芒刺状；花被片5，先端急尖，中肋粗，具芒尖；雄蕊5枚，花柱2～3个。果近球形，果皮膜质，周裂，包于宿存花被内；种子黑色，有光泽。花果期7～10月。原产于美国西南部至加拿大北部；河北各地均有分布。生于农田、路边、草地、河边等地。为旱地作物杂草，植株含硝酸盐，家畜大量食后会中毒。见于北戴河国家湿地公园高架栈桥附近。

## 木兰科 Magnoliaceae

### 木兰属 *Magnolia*

**玉兰 *Magnolia denudata* Desr.**

落叶乔木。冬芽密生灰绿色或灰黄色绒毛。叶倒卵形至倒卵状长圆形，全缘；托叶膜质。花单生于小枝顶端，先叶开放，白色，芳香，花径12～15cm；花被片9，倒卵状长圆形。聚合果圆柱形，淡褐色。花期4月初，果期5～6月。原产于我国湖北，河北各地均有栽培。喜光，较耐寒，忌低湿，在排水良好、微酸性砂质土壤上生长良好。花除供观赏外，还可提制浸膏；花蕾可入药；种子可榨油。见于北戴河国家湿地公园11号楼附近。

## 木兰科 Magnoliaceae

### 木兰属 *Magnolia*

**紫玉兰 *Magnolia liliflora* Desr.**

落叶灌木。叶倒卵形或倒卵状长圆形，叶柄粗短；托叶膜质。花单生于小枝顶端，花被片9，萼片3片，淡绿色，早落；花瓣6片，外面紫红色，里面白色。聚合蓇葖果，圆柱形。花期4月中旬，果期5～7月。原产于我国湖北；河北各地均有栽培。喜温暖湿润、阳光充足的环境，较耐寒，但不耐干旱和盐碱，怕水淹。优良的庭园、街道绿化植物；树皮、叶、花蕾可入药，主治头痛及鼻炎，为镇痛剂。见于北戴河国家湿地公园10号楼和11号楼附近栽培。

## 木兰科 Magnoliaceae

### 含笑属 *Michelia*

#### 白兰 *Michelia alba* DC.

常绿乔木。芽和幼枝密生黄色柔毛。单叶互生，长椭圆形或椭圆状披针形，叶柄长约 2cm；托叶痕几乎达叶柄中部。花单生于叶腋，极香；花被片 10 以上，白色，窄披针形。穗状聚合果卵球形，果革质。花期 4~9 月。原产于印度尼西亚爪哇；河北各地多盆栽。喜光，怕高温，不耐寒，不耐干旱和水涝，适于在微酸性土壤上生长。名贵的芳香观赏植物；花可提制浸膏和入药；叶可提取芳香油。见于北戴河国家湿地公园 11 号楼附近栽植。

## 樟科 Lauraceae

### 樟属 *Cinnamomum*

**兰屿肉桂 *Cinnamomum kotoense* Kanehira et Sasaki**

别名：平安树

常绿乔木。叶对生，长圆状卵圆形，革质，表面亮绿色，有金属光泽，离基3出脉，网脉两面明显。圆锥花序腋生或近枝端着生，花白色，香味似桂花。果卵球形，果托杯状，边缘有短圆齿。花期6~7月，果期8~9月。广泛生于我国台湾南部，河北各地作盆景栽培。喜温暖湿润、阳光充足的环境，不耐干旱、积水、严寒和空气干燥。既是优美的盆栽观叶植物，又是非常漂亮的园景树。见于北戴河国家湿地公园11号楼附近盆栽。

## 毛茛科 Ranunculaceae

### 毛茛属 *Ranunculus*

**毛茛 *Ranunculus japonicus* Thunb.**

多年生草木。须根发达呈束状。茎和叶柄密生伸展的淡黄色柔毛。叶宽卵形，3裂，中裂片3裂，侧裂片不等2裂，叶柄基部加宽呈鞘状。苞叶线形，花多数，花瓣5片，鲜黄色。聚合果球形，瘦果倒卵形。花期4~9月。产于河北青龙、承德、赤城、张北、涞水、涞源、赞皇、内丘等地。生于山地沟旁或山坡草丛中及林下。喜温暖湿润气候，忌土壤干旱。全草入药，具散瘀化结的功效。见于北戴河国家湿地公园杨林花境附近林下。

## 毛茛科 Ranunculaceae

### 唐松草属 Thalictrum

**瓣蕊唐松草 Thalictrum petaloideum L.**

多年生草本。叶三至四回三出羽状复叶，小叶肾状圆形至倒卵形；基生叶有长柄，茎生叶近无柄，柄基部加宽呈鞘状。伞房状聚伞花序，萼片4片，白色，无花瓣。瘦果卵状椭圆形。花期6～7月，果期8～9月。产于河北承德、赤城、张北、涿鹿西灵山、蔚县、兴隆雾灵山、涞源、灵寿、赞皇、内丘、武安等地。生于山地草坡向阳处。根入药，含小檗碱，代黄连用。见于北戴河国家湿地公园杨林花境附近林下。

## 小檗科 Berberidaceae

### 小檗属 Berberis

**日本小檗 Berberis thunbergii DC. var. atropurpurea Chenault**

落叶灌木。枝条有细槽，嫩枝黄色或紫红色，老枝紫褐色，刺通常不分叉。叶倒卵形或匙形，先端通常钝或圆。花单生或2～3朵簇生或形成伞形花序，有总花梗；花瓣黄色，长圆状倒卵形，先端微缺，基部有爪。浆果椭圆形，鲜红色。花期4～6月，果期7～10月。原产于日本；河北各地引种栽培。耐干旱，不耐水涝，喜阳，耐半阴。常种植作绿篱或观赏用；枝、叶、根均可入药，能消炎、健胃。见于北戴河国家湿地公园2号门南侧附近栽培。

## 睡莲科 Nymphaeaceae

### 莲属 Nelumbo

**莲** *Nelumbo nucifera* Gaertn.

多年生水生草本。根状茎横生，上生黑色鳞叶。叶漂浮或伸出水面，革质，圆形。花单生，花瓣多数，红色、粉红色或白色，倒卵形。坚果革质，熟时黑褐色。花期6～8月，果期8～10月。原产于大洋洲及亚洲热带；河北各地均有栽培。喜平静的浅水、湖沼、池塘，极不耐阴。根状茎（藕）可生食或制作藕粉；种子（莲子）供食用；全株各部分均可入药；叶干后可作茶品饮用；花大、美丽，供观赏。北戴河国家湿地公园各池塘均有分布。

## 睡莲科 Nymphaeaceae

### 睡莲属 Nymphaea

**黄睡莲** *Nymphaea mexicana* Zucc.

多年生水生草本。根状茎直生，球茎状。叶二型，沉水叶圆形，背面具紫褐色小斑；浮水叶卵形，表面有暗褐色斑，背面红褐色，具黑斑点。花径约10cm，开放时伸出水面以上约10cm，花瓣鲜黄色，约23片，向内渐变小；雄蕊50枚，黄色。花期7～8月。原产于北美洲南部（墨西哥）。河北各公园池塘中偶见栽培。生于池沼、湖泊中。著名观赏植物。见于北戴河国家湿地公园11号塘和14号塘。

## 睡莲科 Nymphaeaceae

### 睡莲属 *Nymphaea*

**白睡莲 *Nymphaea alba* L.**

多年生水生草本。叶近圆形，聚生于黑色的根茎上，直径10～12cm，全缘，幼时带红色。花白色，直径约10cm，近全天开放，花瓣宽，卵形。花期7～9月。原产于欧洲及北非；河北各公园偶见栽培。著名观赏植物。见于北戴河国家湿地公园11号塘和14号塘。

## 睡莲科 Nymphaeaceae

### 睡莲属 *Nymphaea*

**红睡莲 *Nymphaea alba* L. var. *rubra* Lönnr.**

为白睡莲的变种，主要区别在于该变种花瓣玫瑰红色。花期7～9月。原产于瑞典；河北各公园池塘常栽培以供观赏。见于北戴河国家湿地公园15号塘。

## 金鱼藻科 Ceratophyllaceae

### 金鱼藻属 *Ceratophyllum*

**金鱼藻** *Ceratophyllum demersum* L.

沉水性多年生草本。叶轮生，每轮4～12枚，1～2次二叉分枝，叶一侧疏生刺状细齿。花小，单性，雌雄同株，腋生，无花被；总苞片6～13，线形；雄花具多数雄蕊，雌花具雌蕊1枚；花柱长，宿存，针刺状。小坚果，黑色，边缘有3刺。花期6～7月，果期8～10月。河北各地均有分布。生于池塘、水沟中。对结冰较为敏感，在冷中几天内冻死；喜氮，水中无机氮含量高时生长较好。全草入药；可作为鱼、猪及家禽的饲料。见于北戴河国家湿地公园各池塘。

## 罂粟科 Papaveraceae

### 白屈菜属 *Chelidonium*

**白屈菜** *Chelidonium majus* L.

多年生草本。全草含棕黄色汁液。叶互生，羽状全裂，全裂片5，顶裂片常3裂，表面绿色，背面有白粉。伞形花序，含花3～7朵，萼片2片，花瓣4片，亮黄色。蒴果；种子卵形，暗褐色。花果期4～7月。产于河北遵化东陵、蔚县小五台山、灵寿、井陉、平山、赞皇。生于山谷湿润地、水沟边、绿林草地或草丛中。全草入药，含生物碱，具消肿、止痛、解毒的功效；也可制作农药用于杀虫；全草有毒，不可食用。见于北戴河国家湿地公园杨林花境附近林下。

## 罂粟科 Papaveraceae

### 罂粟属 Papaver

**虞美人 Papaver rhoeas L.**

一年生草本。全株被开展的粗毛，有乳汁。叶羽状深裂或全裂，裂片披针形，边缘有不规则锯齿。花单生，有长梗，花蕾时下垂，萼片背面被粗毛，花瓣4片，红色、紫红色、粉红色至白色；柱头常具10（16）辐射状分枝。蒴果近球形，光滑，成熟时孔裂。花期5~8月。原产于欧洲；河北各地常见栽培。耐寒，怕暑热，忌连作与积水，喜阳光充足的环境。花艳丽，栽培供观赏用，亦可做切花。见于北戴河国家湿地公园花甸。

## 十字花科 Cruciferae

### 诸葛菜属 Orychophragmus

**诸葛菜 Orychophragmus violaceus (L.) O. E. Schulz**

别名：二月兰

一年或二年生草本。叶形变化大，基生叶及下部茎生叶大头羽状分裂，顶裂片近圆形，上部茎生叶长圆形或窄卵形。花紫色或褪成白色，花萼筒状，紫色。长角果线形。花期4~5月，果期5~6月。产于河北山海关、迁西、井陉、赞皇、沙河、武安。生于平原、山地的路旁、地边。耐寒性强，少有病虫害，耐阴。早春花开成片，花期长，为良好的地被植物；嫩茎叶开水焯后，可凉拌或炒食。见于北戴河国家湿地公园11号楼和果园路附近栽培。

## 十字花科 Cruciferae

### 独行菜属 *Lepidium*

**独行菜** *Lepidium apetalum* Willd.

一年或二年生草本。基生叶窄匙形，羽状浅裂，茎生叶线形。总状花序在果期延长，花无瓣或退化成丝状，比萼片短。短角果宽椭圆形，扁平；种子椭圆形，棕红色。花果期5～7月。河北各地广泛分布。生于山坡、山沟、路旁，为常见的田间杂草。嫩叶作为野菜食用；全草及种子可入药，具利尿、止咳、化痰的功效；种子可榨油。见于北戴河国家湿地公园高架栈桥附近。

## 十字花科 Cruciferae
### 荠属 *Capsella*

**荠 *Capsella bursa pastoris* (L.) Medic.**
**别名：荠菜**

　　一年或二年生草本。基生叶丛生，莲座状，大头羽状分裂；茎生叶窄披针形，基部箭形。总状花序，果期延长达 20cm；花白色，花瓣卵形，有短爪。短角果倒三角形或倒心状三角形，扁平，先端微凹。花果期 4～6 月。河北各地广泛分布。生于山坡、田边及路旁。耐寒，喜冷凉湿润，在中性或微酸性土壤上生长良好。全草入药，具凉血、止血、清热明目、消积的功效；基生叶作为野菜食用；种子油供制油漆及肥皂用。见于北戴河国家湿地公园陈列馆路附近。

## 十字花科 Cruciferae
### 葶菜属 *Rorippa*

**风花菜 *Rorippa globosa* (Turcz. ex Fisch. et C. A. Meyer) Hay.**
**别名：球果葶菜**

　　一年生草本。叶长圆形或倒卵状披针形，顶端渐尖，基部抱茎，两侧尖耳状，边缘呈不整齐齿状。总状花序顶生；花黄色，萼片卵形，花瓣倒卵形。短角果球形，顶端有短喙；种子红棕色，表面有纵沟。花果期 6～9 月。河北各地均有分布。生于路旁、沟边、河岸、湿地，较干旱的地方也能生长。全草入药，具补肾、凉血的功效；种子油供食用；嫩植物可作为饲料。见于北戴河国家湿地公园 2 号楼附近。

# 十字花科 Cruciferae

## 葶菜属 Rorippa

### 沼生葶菜 Rorippa palustris (L.) Besser

二年或多年生草本。基生叶和茎下部叶羽状分裂，侧裂片3~5对，边缘具钝齿，上部叶不分裂。总状花序顶生或腋生；花浅黄色，萼片长圆形，花瓣倒卵形。长角果圆柱状，弯曲；种子卵形，红黄色，有小点。花果期5~7月。河北各地广泛分布。生于潮湿环境中或近水处。种子油供食用及工业用；嫩叶可作为饲料。见于北戴河国家湿地公园2号楼附近。

# 十字花科 Cruciferae

## 花旗杆属 Dontostemon

### 花旗杆 Dontostemon dentatus (Bge.) Ledeb.

二年生草本。叶披针形或长圆状线形，顶端急尖，基部渐狭，边缘疏生数个锯齿，上部叶近无柄。总状花序顶生及侧生；花紫色或白色；萼片长圆形，具白色膜质边缘；花瓣倒卵形，有爪。长角果线形，果瓣稍隆起；种子浅棕色，稍有翅。花果期5~8月。产于河北围场、迁安、迁西、遵化东陵、尚义、涞源、曲周。生于山坡路旁、林缘、石质地、草地。见于北戴河国家湿地公园陈列馆路附近。

## 景天科 Crassulaceae

### 景天属 Sedum

**费菜 Sedum aizoon (L.)' t Hart**

别名：景天三七

多年生草本。全草肉质肥厚。叶椭圆状披针形至长圆状披针形，边缘具锯齿，几无柄。聚伞花序，无苞片，花密生，黄色，萼片线形，花瓣披针形；心皮卵状长圆形，基部合生。蓇葖果近平展，稍呈星芒状。花期6~8月，果期8~10月。河北各地均有分布。生于山坡、山沟、草丛中。喜光照和喜温暖湿润气候，耐干旱，耐严寒，不耐水涝，在砂质壤土和腐殖质壤土上生长较好。全草入药，具活血、止血的功效。见于北戴河国家湿地公园新河南路附近。

## 景天科 Crassulaceae

### 景天属 Sedum

**垂盆草 Sedum sarmentosum Bunge**

多年生草本。茎平卧，细弱，节处易生出不定根。叶3枚轮生，倒披针形或长圆形，先端近急尖，基部常呈短距状，全缘，无柄。聚伞花序，短且花少，花鲜黄色；雄蕊10枚；心皮5个。蓇葖果5。产于河北灵寿、武安。生于山坡岩缝、沟边、路旁湿润处。喜阴湿环境，较耐寒。全草入药，具清热解毒、消肿排脓的功效。见于北戴河国家湿地公园南门附近栽培。

## 景天科 Crassulaceae

### 八宝属 *Hylotelephium*

**八宝** *Hylotelephium erythrostictum* (Miq.) H. Ohba

**别名：** 八宝景天

多年生草本。块根胡萝卜状。叶对生，少有互生或轮生，长圆形至卵状长圆形，边缘具疏锯齿，无柄。伞房状花序顶生，花密生，花瓣5片，白色或粉红色；雄蕊10枚，花药紫色；心皮5个，基部几分离。花果期8～10月。产于河北迁西、遵化东陵、兴隆雾灵山。生于山坡草地或沟边。喜光强、干燥、通风良好的环境，耐低温，忌雨涝积水。全草入药，具清热解毒、散瘀消肿的功效；成片栽植作为护坡地被植物或供观赏用。见于北戴河国家湿地公园新河北路附近栽培。

## 虎耳草科 Saxifragaceae

### 山梅花属 *Philadelphus*

**山梅花** *Philadelphus incanus* Koehne

灌木。幼枝密生柔毛，二年生枝褐色，呈片状脱落。叶对生，长圆状卵形，背面密被长柔毛或粗硬毛，5条脉。总状花序，具花7～11朵；花白色，花瓣4片，基部具短爪。花期5～6月，果期8～9月。河北各地均有栽培。喜光，喜温暖，耐寒，耐热，怕水涝。栽培作为观赏植物。见于北戴河国家湿地公园9号楼南侧栽培。

## 蔷薇科 Rosaceae

### 绣线菊属 *Spiraea*

#### 柳叶绣线菊 *Spiraea salicifolia* L.
**别名**：绣线菊

灌木。小枝黄褐色。叶长圆状披针形，边缘密生锐锯齿或重锯齿。圆锥花序金字塔形；花密集，花瓣粉红色；花盘环形，裂片呈细圆锯齿状；萼片反折，宿存；花柱短于雄蕊。蓇葖果直立，沿腹缝线有短柔毛。花期6～8月，果期8～9月。产于河北围场红泉牧场。生于山沟或河流沿岸空旷地方。喜光，耐干旱，耐寒，喜肥沃土壤。花序粉红色，鲜艳美丽，可栽培供观赏用；为蜜源植物。见于北戴河国家湿地公园1号楼附近栽培。

## 蔷薇科 Rosaceae
### 绣线菊属 *Spiraea*

**金焰绣线菊 *Spiraea* × *bumalda* cv. 'Gold Flame'**

落叶灌木。单叶互生，具锯齿、缺刻或分裂，羽状脉或3～5出脉。花序伞形、伞房或圆锥状；花两性，稀杂性；萼筒钟状，萼片5片，花瓣5片；雄蕊15～60枚，着生在花盘外缘；心皮5个，离生。蓇葖果5，常沿腹缝开裂。花期6～9月，果期9～10月。原产于美国；河北各地均有栽培。耐干旱、盐碱、瘠薄，在排水良好、土壤肥沃之处生长良好。叶色有丰富的季相变化，具较高的观赏价值。见于北戴河国家湿地公园管理房附近栽培。

## 蔷薇科 Rosaceae
### 珍珠梅属 *Sorbaria*

**珍珠梅 *Sorbaria sorbifolia* (L.) A. Br.**

**别名：华北珍珠梅**

灌木。奇数羽状复叶，小叶13～17枚，无柄，披针形，边缘具尖锐重锯齿，托叶线状披针形。大型圆锥花序，花白色；苞片线状披针形，边缘有腺毛；萼片半圆形，宿存，反折。果长圆形。花期5～9月，果期8～9月。产于河北蔚县小五台山、涿鹿杨家坪、涞源白石山。生于山坡阳处及杂木林中。喜光，耐寒，耐低温，耐盐碱，在肥沃的砂质壤土上生长最好。花、叶清丽，花期长，是深受欢迎的观赏树种。见于北戴河国家湿地公园1号楼附近栽培。

## 蔷薇科 Rosaceae

### 风箱果属 Physocarpus

**风箱果 Physocarpus amurensis (Maxim.) Maxim.**

灌木。树皮呈纵向剥裂状。叶三角状卵形至宽卵形，3～5浅裂，边缘具重锯齿。花序伞房状；花白色，萼筒杯状，裂片三角形，外被星状绒毛；雄蕊多数，花药紫色。蓇葖果3～4，熟时沿背腹两缝开裂。花期6月，果期7～8月。产于河北兴隆雾灵山、承德围场。生于山沟、阔叶林缘。喜光，耐半阴，耐寒，但不耐水渍。具较高的观赏价值；树皮中提取的三萜类化合物有抗卵巢癌、中枢神经肿瘤、结肠肿瘤等作用。见于北戴河国家湿地公园3号楼附近栽培。

## 蔷薇科 Rosaceae

### 枸子属 Cotoneaster

**平枝枸子 Cotoneaster horizontalis Decaisne**

落叶或半常绿匍匐灌木。小枝排成两列。叶近圆形或宽椭圆形，全缘。花1～2朵顶生或腋生，近无梗；萼筒钟状；花瓣粉红色，倒卵形，先端钝圆。果近球形，熟时鲜红色，常具3小核。花期5～6月，果期9～10月。河北各地公园常见栽培。枝密叶小，红果艳丽，适于作为园林地被及制作盆景。见于北戴河国家湿地公园新河北路附近栽培。

## 蔷薇科 Rosaceae

### 山楂属 *Crataegus*

**山里红 *Crataegus pinnatifida* Bunge var. *major* N. E. Brown**

乔木。小枝紫褐色，老枝灰褐色，具枝刺。叶三角状卵形，有3~5对羽状深裂片，边缘具不规则的重锯齿。伞房花序，萼筒钟状，花瓣白色。果深红色，较大，直径可达2.5cm，有浅色斑点。花期5~6月，果期9~10月。河北各地均有分布。喜温暖湿润的半阴环境，耐干燥和瘠薄，不耐湿热，怕积水。果供食用，干后可入药；幼苗可作砧木。见于北戴河国家湿地公园管理房附近栽培。

## 蔷薇科 Rosaceae

### 石楠属 *Photinia*

**红叶石楠 *Photinia* × *fraseri* Dress**

常绿小乔木或灌木。幼枝初为棕色，后呈紫褐色，最后呈灰色，树干及枝条具刺。叶长圆形至卵状针形。复伞房花序顶生；花多而密，白色。梨果黄红色。花期5~7月，果期9~10月。河北各公园偶见栽培。喜光，耐瘠薄，在微酸性砂质土壤上生长良好。春季新叶红艳，夏季转绿，秋、冬、春三季呈红色，常作观赏植物或绿篱。见于北戴河国家湿地公园11号楼停车场附近栽培。

## 蔷薇科 Rosaceae

### 花楸属 Sorbus

**水榆花楸 Sorbus alnifolia (Sieb. et Zucc.) K. Koch.**

**别名：黏枣子**

落叶乔木。叶卵形至椭卵圆形，先端短渐尖，基部宽楔形至圆形，边缘具不整齐的尖锐重锯齿。复伞房花序，具花6~25朵，花瓣白色，萼筒钟状，萼片三角形。果椭圆形或卵形，红色或黄色。花期5~6月，果期8~9月。河北各地偶有栽培。喜生于湿润、通气良好的中性和微酸性壤质土上，在黏重土壤和瘠薄的土壤上生长不良。秋季叶片变红，可作庭园观赏树木；木材制作器具；树皮可制作染料；纤维可作为造纸原料。见于北戴河国家湿地公园果园路附近栽培。

## 蔷薇科 Rosaceae

### 梨属 Pyrus

**秋子梨 Pyrus ussuriensis Maxim.**

乔木。叶卵形、宽卵形，变化甚大，先端短渐尖，基部圆形或近心形，边缘具带刺芒状的尖锐锯齿，叶柄长2~5cm。花5~7朵，萼片三角状披针形，花瓣白色；雄蕊20枚；花柱5个，离生。果近球形，黄色，基部微下陷，果梗短。花期5月，果期8~10月。我国东北、华北、西北各地广泛栽培；河北西北部山区及昌黎地区有栽培。喜光，对土壤要求不严，较耐湿涝和盐碱，抗寒性强，适生于寒冷而干燥的山区。果实与冰糖煎膏具清肺止咳的功效。见于北戴河国家湿地公园果园路附近。

## 蔷薇科 Rosaceae
### 梨属 *Pyrus*

**杜梨 *Pyrus betulifolia* Bunge**

乔木。枝常具刺，紫褐色。叶菱状卵形至长圆形，基部宽楔形，边缘具锯齿。伞形总状花序，具花10~15朵，萼片三角形，内外皆密被绒毛，花瓣白色。果近球形，褐色，有淡色斑点。花期4月，果期8~9月。河北易县、正定、涉县有分布。生于平原或山坡向阳处。喜光，耐寒，耐干旱，耐涝，耐瘠薄，在中性土及盐碱土上生长良好。用作栽培梨的砧木；木材致密可制作各种器物；树皮含鞣质，可提制栲胶。见于北戴河国家湿地公园槐杨路附近栽培。

## 蔷薇科 Rosaceae
### 苹果属 *Malus*

**山荆子 *Malus baccata* (L.) Borkh.**

**别名：** 山定子

落叶乔木。叶椭圆形或卵形，先端渐尖，基部楔形或近圆形，边缘具细锯齿。伞形花序，具花4~6朵，集生于短枝顶端，花瓣白色。果近球形，红色或黄色，脱萼，萼洼有圆形锈斑，果柄长为果的3~4倍。花期4~6月，果期9~10月。产于河北昌黎、遵化东陵、蔚县小五台山、涿鹿杨家坪、承德围场、怀来。生于山坡杂木林及山谷灌丛中。喜光，耐寒性极强，耐瘠薄，不耐盐，深根性。树姿优雅娴美，花繁叶茂，是优良的观赏树种；种植用作苹果的砧木。见于北戴河国家湿地公园7号楼附近栽培。

## 蔷薇科 Rosaceae

### 苹果属 Malus

#### 海棠花 *Malus spectabilis* (Ait.) Borkh.
**别名**：海棠

落叶乔木。叶椭圆形至长椭圆形，先端短渐尖或钝圆，基部宽楔形或近圆形，边缘具紧密的细锯齿。花序近伞形，具花4~6朵，花瓣白色，花蕾期淡粉红色。果近球形，黄色。花期4~5月，果期8~9月。河北各地公园及果园均有栽培。喜光，耐寒，不耐阴，忌水湿。为著名的观赏树木，花叶同时开放，极为美丽；果可生吃，也可加工制成蜜果脯。见于北戴河国家湿地公园1号楼和9号楼附近栽培。

## 蔷薇科 Rosaceae

### 蔷薇属 Rosa

#### 野蔷薇 *Rosa multiflora* Thunb.
**别名**：多花蔷薇

落叶灌木。枝细长，上升或攀援，具钩状皮刺。奇数羽状复叶，互生，倒卵状圆形至长圆形，边缘具尖锐齿。伞房花序圆锥状顶生，花瓣白色，5片或重瓣，倒卵形，先端微凹。蔷薇果球形至卵形，红褐色。花期5~6月，果期8~9月。河北各地庭园常见栽培。喜光，耐半阴，耐寒，耐瘠薄，忌低洼积水，在黏重土上也可正常生长。常作为庭园绿篱及绿化植物；鲜花含精油；花、果、叶及根可入药；根皮含丹宁，可提取栲胶。见于北戴河国家湿地公园1号楼及陈列馆路附近栽培。

## 蔷薇科 Rosaceae

### 蔷薇属 Rosa

**七姊妹** *Rosa multiflora* Thunb. var. *carnea* Thory

为多花蔷薇的变种，主要区别在于该变种茎多直立，有皮刺。花重瓣，深粉红色，常6～7朵簇生在一起形成扁平伞房花序，芳香。叶较大。花期6～9月，果期9～10月。河北各地多栽培。喜光，耐寒，耐干旱，耐水湿，适应性强，在黏重土壤上也能生长良好。常用于庭院绿篱及绿化植物；可植于山坡、堤岸用于保持水土。见于北戴河国家湿地公园迎宾阁附近栽培。

## 蔷薇科 Rosaceae

### 蔷薇属 *Rosa*

**丰花月季 *Rosa hybrida* E. H. L. Krause**

别名：聚花月季

灌木。小枝常具钩刺。奇数羽状复叶，小叶5~7枚，卵状长圆形，先端渐尖，基部宽楔形，具尖锯齿。花单生或几朵集生，呈伞房状，萼片卵形，花瓣颜色多样，重瓣。蔷薇果卵球形，红色。花期5~10月，果期9~11月。河北各地均有栽培。喜光，耐寒，耐高温，抗旱，抗涝，在稍偏酸性土壤上生长最佳。用于城市环境绿化、布置花坛。见于北戴河国家湿地公园1号楼附近栽培。

## 蔷薇科 Rosaceae

### 地榆属 *Sanguisorba*

**地榆 *Sanguisorba officinalis* L.**

多年生草本。奇数羽状复叶，小叶2~5对，长椭圆形，边缘具尖锯齿。穗状花序顶生，萼片4片，暗紫红色，花瓣状。瘦果褐色，包于宿萼内。花期6~7月，果期8~9月。河北各地均有分布。生于山坡、山沟、草丛、灌丛、林缘、河谷滩。全株含单宁，可提栲胶；根含淀粉，可酿酒；根可入药，能凉血、止血、收敛止泻；全草可作农药。见于北戴河国家湿地公园新河北路附近。

## 蔷薇科 Rosaceae
### 水杨梅属 Geum

**水杨梅 Geum aleppicum Jacq.**

**别名：** 路边青

多年生草木。基生叶丛生，奇数羽状复叶，小叶7~13枚；茎生叶互生，小叶3~5枚，3浅裂或羽状分裂。花单生或3朵呈伞房状，花瓣5片，黄色。瘦果长椭圆形。花期5~8月，果期7~9月。产于河北围场、青龙、昌黎、蔚县小五台山、阜平、井陉等地。生于洼地水边、湿地、阴坡、林缘、草丛。全草和根入药，能清热解毒、消肿止痛；全株含单宁，可提取栲胶；种子含油，可制作肥皂和油漆。见于北戴河国家湿地公园杨林花境林下。

## 蔷薇科 Rosaceae
### 蛇莓属 Duchesnea

**蛇莓 Duchesnea indica (Andr.) Focke**

多年生草本。有长匍匐茎，全体被白色绢毛。小叶菱状卵圆形或倒卵圆形，基部宽楔形，边缘具钝圆锯齿。花单生于叶腋，副萼片比萼片宽，花后反折，萼片5片，花瓣5片，黄色。瘦果扁圆形，聚合果暗红色。花期4~7月，果期5~10月。产于河北围场、阜平、平山、武安、磁县、涉县等地。生于山坡阴湿处、水边、田边、沟边、草丛和林中。常栽培作为地被植物供观赏；果可食用；全草入药，具清热解毒、化痰镇痛的功效。见于北戴河国家湿地公园1号楼附近栽培。

## 蔷薇科 Rosaceae

### 委陵菜属 *Potentilla*

**匍匐委陵菜** *Potentilla reptans* L.

多年生匍匐草本。根多分枝，常具纺锤状块根。基生叶为鸟足状五出复叶，小叶倒卵形至倒卵圆形，基部楔形，边缘具钝圆锯齿，纤匍枝上叶与基生叶相似。花单生叶腋或与叶对生；萼片卵状披针形，副萼片长椭圆形，果时显著增大；花瓣黄色，宽倒卵形，顶端显著下凹。瘦果黄褐色，卵球形，外被显著点纹。花果期6~8月。河北各地多有栽培。生于山坡、水沟边、河岸草地、田边潮湿处。常栽培作为地被植物供观赏；全草入药，具清热解毒、收敛止血的功效。见于北戴河国家湿地公园科研中心附近。

## 蔷薇科 Rosaceae
### 委陵菜属 *Potentilla*

**朝天委陵菜 *Potentilla supina* L.**

一年或二年生草本。奇数羽状复叶，小叶5～11枚，倒卵圆形，无柄，边缘具深的钝圆锯齿；基生叶和茎下部叶有长柄，茎生叶有短柄。花单生叶腋，花瓣淡黄色，先端微凹。瘦果卵圆形，黄褐色，有纵皱纹。花期5～9月，果期6～10月。产于河北秦皇岛、迁西、乐亭、围场、康保、蔚县小五台山、内丘、武安等地。生于地边、路旁、沟边草地、潮湿地、平地、山坡。全草入药，具清热解毒、凉血、止痢的功效。见于北戴河国家湿地公园槐杨东路。

## 蔷薇科 Rosaceae
### 委陵菜属 *Potentilla*

**多茎委陵菜 *Potentilla multicaulis* Bge.**

**别名：多枝委陵菜**

多年生草本。茎外倾或弧形上升，根状茎粗壮，木质化。奇数羽状复叶，基生叶有小叶11～14枚，叶柄长4～5cm；茎生叶有小叶3～9枚，叶柄长5～12mm；小叶无柄，常对生，边缘深裂成长圆状小裂片，边缘稍外卷；叶表面疏生紧黏细柔毛，背面密生灰白色绒毛。聚伞花序顶生或腋生，常有花3～5朵，花瓣黄色，比萼片长。瘦果长圆状卵圆形，表面有皱纹。花期5～7月，果期6～9月。产于河北山海关、围场、赤城、蔚县、涞源、阜平、赞皇、内丘、武安等地。生于山坡、路边、草丛、荒地、山谷、溪边、水边。全草入药，具止血、杀虫、祛湿热的功效。见于北戴河国家湿地公园新河北路附近。

## 蔷薇科 Rosaceae

### 委陵菜属 Potentilla

#### 委陵菜 Potentilla chinensis Ser.
**别名：翻白草**

多年生草本。茎、叶柄和花序轴密生白色绵毛。奇数羽状复叶，基生叶丛生，茎生叶较小；小叶片羽状深裂几达中脉，边缘常稍外卷；叶表面绿色，背面密生灰白色绒毛。伞房状聚伞花序，多花，花瓣黄色，宽倒卵形。瘦果肾状卵形，表面微有皱纹。花期5~9月，果期6~10月。河北各地均较常见。生于路边、草丛、山地阳坡、沟边、林缘。全草入药，具清热润燥、解毒消肿、止血、止咳的功效。见于北戴河国家湿地公园新河北路附近。

## 蔷薇科 Rosaceae

### 李属 Prunus

#### 李 Prunus salicina Lindl.
**别名：玉皇李**

落叶乔木。叶倒卵圆形至椭圆状倒卵形，边缘具钝圆重锯齿。花常3朵簇生，萼片长卵圆形，具稀疏锯齿，花瓣白色；雄蕊多数；心皮1个。核果卵圆形，基部凹陷，表面具深槽，外被蜡粉；核具皱纹。花期4月，果期7~8月。河北各地常见栽培。不耐积水，排水不良常致烂根，宜选择土质疏松、透气和排水良好的土壤种植。果可鲜食；核仁入药，具润肠利水的功效。见于北戴河国家湿地公园果园路附近栽培。

## 蔷薇科 Rosaceae

### 李属 Prunus

**樱桃李** *Prunus cerasifera* Ehrh.

**别名：紫叶李**

落叶乔木。小枝暗红色，冬芽有数片呈覆瓦状排列的鳞片。叶椭圆形、卵圆形至倒卵形，先端尖，基部宽楔形至圆形，边缘具钝锯齿，紫色；托叶膜质，披针形，边缘有带腺细锯齿。花常单生，花瓣淡粉红色；萼筒钟状，萼片长卵形，边缘具疏浅锯齿。核果近球形，暗红色。花期4~5月。河北各地公园或庭院中常见栽培。喜阳光，温暖湿润气候，不耐盐碱和干旱，较耐水湿，在肥沃、深厚、排水良好的黏质中性、酸性土壤上生长良好。见于北戴河国家湿地公园1号楼、雪茗路和管理房附近栽植。

## 蔷薇科 Rosaceae

### 杏属 Armeniaca

**杏 Armeniaca vulgaris Lamarck**

落叶乔木。小枝褐色或红紫色。叶卵圆形，先端尾尖，边缘具钝锯齿，叶柄近顶端处有2个腺体。花单生，先叶开放，花瓣白色或浅粉红色；萼筒圆筒形，紫红绿色。核果球形，黄白色至黄红色，常具红晕。花期4月，果期6～7月。河北各地广泛栽培。深根性，喜光，耐干旱，抗寒，抗风。花可供观赏；果生吃或制成杏脯，干制成杏干；杏仁供食用或药用，具润肺止咳的功效。见于北戴河国家湿地公园果园路附近栽植。

## 蔷薇科 Rosaceae

### 桃属 Amygdalus

**桃 Amygdalus persica L.**

落叶乔木。叶椭圆状披针形或长圆状披针形，先端长渐尖，基部楔形，边缘具较密的锯齿。花常单生，先叶开放，花梗极短，花瓣粉红色；萼筒钟状；雄蕊多数；子房被毛。核果近球形，被绒毛，腹缝极明显，果肉多汁，不开裂；核表面具沟和皱纹。花期4～5月，果期6～9月。河北各地广泛栽培。果可生食或供加工用；核仁可食，并供药用。见于北戴河国家湿地公园果园路。

## 蔷薇科 Rosaceae

### 桃属 *Amygdalus*

**榆叶梅 *Amygdalus triloba* (Lindl.) Ricker**

落叶灌木，稀小乔木。叶宽卵形至倒卵圆形，常3裂，基部宽楔形，边缘具粗重锯齿。花1~2朵，先叶开放，花瓣粉红色；萼筒宽钟状，萼片有细锯齿。核果近球形，红色，被毛，成熟时开裂。花期3~4月，果期5~6月。产于河北小五台山、涞源、易县西陵、内丘。喜光，耐干旱，耐寒，不耐涝，以中性至微碱性且肥沃的土壤为佳。各公园及庭院习见栽培供观赏；种子入药，具润燥、滑肠、下气、利水的功效。见于北戴河国家湿地公园果园路。

## 蔷薇科 Rosaceae
### 樱属 Cerasus

**毛樱桃 Cerasus tomentosa (Thunb.) Wall. ex T. T. Yü et C. L. Li**

落叶灌木。嫩枝密被绒毛。叶倒卵形至椭圆形，先端急尖或渐尖，基部楔形，边缘具不整齐锯齿，表面具皱纹，背面密被长绒毛。花1～3朵，花瓣白色或浅粉红色；萼筒管状或杯状，萼片三角状卵形；子房密被短柔毛。核果近球形，深红色，近无梗。花期4～5月，果期6～9月。河北各公园及庭院常见栽培。适宜在土层深厚、土质疏松、透气性好、保水能力较强的沙壤土上栽培，对盐渍化反应敏感。果可食；核仁可入药。见于北戴河国家湿地公园管理房附近栽植。

## 蔷薇科 Rosaceae
### 樱属 Cerasus

**樱桃 Cerasus pseudocerasus (Lindl.) Loudon**

**别名：车厘子**

落叶乔木。叶卵形或长圆状卵形，先端渐尖或尾状渐尖，基部圆形，边缘具尖锐重锯齿，齿端有小腺体。总状花序，具花3～6朵，先叶开放，花瓣白色；萼筒圆筒形，萼片卵圆形或长圆状三角形，花后反折。核果近球形，红色。花期3～4月，果期5～6月。河北各地广泛栽培。根系分布浅，易倒伏，以土质疏松、土层深厚的沙壤土为最佳。樱桃果早熟，味甜，作为水果食用，含铁量位于各种水果之首。见于北戴河国家湿地公园果园路栽植。

## 豆科 Fabaceae

### 合欢属 Albizia

**合欢 Albizia julibrissin Durazz.**

落叶乔木。二回羽状复叶，小叶 10～30 对，有夜合现象。头状花序多数，成伞房状排列，花粉红色；花萼 5 裂，钟状；花冠管长为萼管的 2～3 倍，淡黄色，漏斗状。荚果扁平。花期 6～7 月，果期 8～10 月。河北各地均有栽培。喜光，耐寒，耐干旱，耐土壤瘠薄及轻度盐碱。常用作园景树、行道树、风景区造景树；木材纹理直，结构细，可制作家具、枕木等；树皮可提制栲胶；树皮及花蕾入药，能安神活血、消肿。见于北戴河国家湿地公园管理房附近栽植。

## 豆科 Fabaceae

### 皂荚属 Gleditsia

**皂荚 Gleditsia sinensis Lam.**

落叶乔木。小枝及树干具分枝的棘刺。羽状复叶簇生，小叶长卵状披针形，边缘具细锯齿。总状花序腋生及顶生，花淡黄色，杂性；雄蕊 6～8 枚；子房条形，沿缝线有毛。荚果镰刀形，较厚，黑褐色。花期 3～5 月，果期 5～10 月。河北各地偶有栽种。生于路旁、沟旁或向阳处。木材可制造车辆、家具；荚果煎汁可代肥皂；荚瓣、种子、枝刺入药，能消肿排脓；荚果可作染料。见于北戴河国家湿地公园 10 号楼附近栽植。

# 豆科 Fabaceae

## 决明属 *Senna*

### 豆茶决明 *Senna nomame* (Makino) T. C. Chen

**别名**：山扁豆

一年生草本。茎直立或铺散，有柔毛。偶数羽状复叶，小叶16～56枚，条状披针形，边缘近于平行。花单生或2至数朵排成短的总状花序，花冠黄色；萼片5片，分离，披针形；子房密被短柔毛。荚果条形，扁平，开裂；种子菱形，深褐色。花期7～8月，果期8～9月。河北各地常见。生于山坡、路旁或草丛中。全草入药，主治水肿、肾炎、慢性便秘、咳嗽、痰多等症；叶可作茶代用品。见于北戴河国家湿地公园12号楼附近。

## 豆科 Fabaceae
### 槐属 Sophora

**槐 Sophora japonica L.**
**别名**：国槐

落叶乔木。奇数羽状复叶，托叶早落，叶柄有毛，基部膨大；小叶7～17枚，卵状长圆形，背面灰白色。圆锥花序顶生，花萼钟状，裂齿5个，花黄白色，旗瓣具短爪，有紫脉。荚果念珠状，肉质，先端有细尖喙状物。花期7～9月，果期10月。河北各地广泛栽培。为庭园、行道优良观赏树种；根皮、枝叶、花及种子均可入药；木材可作为房屋建筑及家居等用材。见于北戴河国家湿地公园9号楼南侧栽植。

## 豆科 Fabaceae
### 槐属 Sophora

**苦参 Sophora flavescens Ait.**

亚灌木或多年生草本。小枝有锈色绒毛。奇数羽状复叶，小叶15～29枚，线状披针形或长卵形。总状花序顶生，花淡黄白色，花萼钟状，旗瓣匙形，翼瓣无耳。荚果线形，种子间稍缢缩，呈不明显念珠状，先端呈长喙状。花期6月，果期8～9月。河北各地均有分布。生于田埂、荒地、山坡及干旱草原。根可入药，能清热、燥湿、杀虫；皮部可取纤维；花可制作黄色染料。见于北戴河国家湿地公园湿地木栈道附近。

## 豆科 Fabaceae

### 苜蓿属 Medicago

**紫苜蓿 Medicago sativa L.**

多年生草本。三出羽状复叶，小叶先端钝圆或截形，叶缘上部具锯齿。总状花序腋生，花较密集，近头状；花冠蓝紫色或紫色，长于花萼。荚果螺旋形，先端有喙；种子肾形，黄褐色。花果期5~8月。河北各地野生或栽培。生于田边、荒地、路旁。为优良的饲料和牧草，亦可作为绿肥；根入药，具开胃、利尿排石的功效。见于北戴河国家湿地公园新河桥两侧。

## 豆科 Fabaceae

### 草木犀属 Melilotus

**白花草木犀 Melilotus albus Medik.**

一年或二年生草本，有香气。三出羽状复叶，椭圆形、披针状椭圆形或倒卵状披针形，小叶边缘具疏锯齿。总状花序腋生，花冠白色，旗瓣比翼瓣长；子房无柄。荚果椭圆形，内含种子1~2粒。花果期6~8月。河北各地均有分布。生于田边、路旁及山沟草丛。为优良的牧草和饲料，也可作为绿肥及护地作物；全草入药，具清热解毒、化湿杀虫、截疟、止痢的功效。见于北戴河国家湿地公园环湖路附近。

## 豆科 Fabaceae

### 草木犀属 Melilotus

**草木犀 Melilotus officinalis (L.) Lamarck**

**别名：** 黄花草木犀

一年或二年生草本，有香气。三出羽状复叶，边缘具疏齿。总状花序腋生，花萼钟状，萼齿三角形，花冠黄色，旗瓣与翼瓣近等长。荚果椭圆形，网脉明显。花期6~8月，果期8~10月。产于河北承德、迁西、蔚县小五台山等地。生于路边、山坡荒地。为优良的牧草和饲料，也可作为绿肥及蜜源植物；花干燥后，可直接拌入烟草内作为芳香剂。见于北戴河国家湿地公园环湖路附近。

## 豆科 Fabaceae

### 车轴草属 Trifolium

**白车轴草 Trifolium repens L.**

**别名：** 白三叶草

多年生草本。茎匍匐，节上生根。掌状复叶，互生，具长柄；小叶3枚，倒卵形至近圆形，先端凹头至钝圆；叶中心具"V"形的白晕。花密集成球形的头状花序，花萼筒状，萼齿三角状披针形，花冠白色或淡红色。荚果包被于宿萼内，含种子2~4粒。花果期5~10月。河北各地均有栽培。喜温暖湿润气候，不耐干旱和长期积水。为优良的饲料和牧草；全草入药，具清热、凉血、安神的功效。见于北戴河国家湿地公园2号门至管理房附近栽培。

## 豆科 Fabaceae

### 木蓝属 Indigofera

**花木蓝 Indigofera kirilowii Maxim. ex Palibin**

落叶灌木。奇数羽状复叶，小叶7～11枚，宽卵形、菱卵形或椭圆形，全缘，两面疏生白色丁字毛和柔毛。总状花序腋生，花萼钟状，萼齿5个，披针形，蝶形花冠粉红色。荚果圆柱形，含种子多粒。花期5～6月，果期7～10月。河北各地均有分布。生于阳坡灌丛中、疏林内或岩石缝处。可作为水土保持和荒山绿化的先锋树种；枝条可编筐；花可食；种子含油和淀粉，可酿酒或作为饲料。见于北戴河国家湿地公园2门南侧。

## 豆科 Fabaceae

### 紫穗槐属 Amorpha

**紫穗槐 Amorpha fruticosa L.**

落叶灌木。奇数羽状复叶，小叶9～25枚，椭圆形，全缘，具透明腺点。顶生圆锥状总状花序，花冠蓝紫色。荚果扁，稍弯曲，含1粒种子，不开裂，果皮上具腺点。花期5～6月，果期8～10月。河北各地均有栽培。适应性强，对土壤要求不严，耐寒，耐干旱，具有一定的耐淹能力。为保持水土、固沙造林的先锋树种；枝条可编筐；嫩枝条和叶可作为绿肥；种子可作为油漆、甘油及润滑油原料。北戴河国家湿地公园广泛栽培。

## 豆科 Fabaceae
### 刺槐属 *Robinia*

**刺槐** *Robinia pseudoacacia* L.

**别名**：洋槐

落叶乔木。树皮褐色，有深沟。小叶7～25枚，椭圆形，全缘。总状花序腋生，花萼杯状，浅裂，花白色，芳香，旗瓣具爪，基部常有黄色斑点。荚果扁平，线状长圆形。花期5月，果期9～10月。原产于北美洲；河北各地广泛栽培。喜光，不耐庇荫，萌芽力和根蘖性很强，喜土层深厚、肥沃、疏松的砂质壤土或黏壤土。为水土保持和沙地造林的优良树种；木材可制作枕木、农具；叶为家畜饲料；花可食；种子可作为肥皂及油漆原料。北戴河国家湿地公园广泛栽植。

## 豆科 Fabaceae
### 黄耆属 *Astragalus*

**斜茎黄耆** *Astragalus laxmannii* Jac.

**别名**：直立黄耆

多年生草本。茎被白色丁字毛。奇数羽状复叶，小叶7～23枚，近无柄，椭圆形或长圆形，两面被丁字毛。总状花序腋生，花蓝紫色或紫红色，旗瓣无爪。荚果圆筒形，被黑色丁字毛。花期6～8月，果期8～10月。河北各地均有分布。生于山坡、草地、沟边。适应性较强，根系发达，耐干旱，抗盐。可作为牧草及绿肥，亦有固沙、保土作用。见于北戴河国家湿地公园陈列馆路附近。

## 豆科 Fabaceae

### 黄耆属 Astragalus

**达乌里黄耆 Astragalus dahuricus (Pall.) DC.**

**别名：兴安黄耆**

多年生草本。全株有长柔毛。奇数羽状复叶，小叶 11~25 枚，近长圆形，小叶柄极短，全缘，两面具白色长柔毛。总状花序腋生，花多而密，花萼钟状。荚果圆筒状，内弯，具横脉，先端凸尖喙状。花期 7~9 月，果期 8~10 月。河北各地均有分布。生于向阳山坡、河岸沙地及草地、草甸上。牲畜喜食，可作饲料。见于北戴河国家湿地公园陈列馆路附近。

## 豆科 Fabaceae
### 胡枝子属 Lespedeza
**兴安胡枝子 Lespedeza davurica (Laxm.) Schindl.**

别名：达乌里胡枝子

草本状灌木。三出羽状复叶，托叶2枚，刺芒状；小叶先端有短刺尖，全缘。总状花序腋生，萼片先端刺芒状，几与花冠等长，花冠黄白色至黄色。荚果倒卵形，包于宿存花萼内。花期7~8月，果期9~10月。河北各地均有分布。生于荒山、荒地、草原。饲用植物；全草入药，能解表散寒。见于北戴河国家湿地公园湿地木栈道附近。

## 豆科 Fabaceae
### 胡枝子属 Lespedeza
**绒毛胡枝子 Lespedeza tomentosa (Thunb.) Sieb. ex Maxim.**

别名：山豆花

草本状灌木。枝有细棱，全株具白色柔毛。三出羽状复叶，小叶3枚，卵圆形或卵状椭圆形，先端有短尖。总状花序，花密集；无瓣花腋生，呈头状；花冠白色或淡黄色；花萼杯状，萼5深裂。荚果包于宿存花萼内，顶端有短喙。花期7~9月，果期9~10月。河北各地均有分布。生于荒山、荒地、草原及灌丛中。水土保持植物，又可作为饲料及绿肥；根可入药，可健脾补虚，

具增进食欲及滋补的功效。见于北戴河国家湿地公园新河北路附近。

## 豆科 Fabaceae
### 野豌豆属 Vicia

**歪头菜 Vicia unijuga A. Br.**

多年生草本。常数茎丛生，茎具细棱。小叶2枚，边缘粗糙，叶轴末端为细刺尖头；托叶半箭头形，卷须针状。总状花序腋生，比叶长；花萼斜钟状，萼齿5个；花冠蓝色、蓝紫色或紫红色。荚果扁平，近革质，先端具喙。花期7~8月，果期9~10月。河北各地均有分布。生于林缘、林间或山沟草地。为优良的绿化观赏植物，亦可作为地被植物；牛、马喜食，为优等饲用植物；全草入药，具解热、利尿、理气、止痛的功效。见于北戴河国家湿地公园杨林花境附近林下。

## 豆科 Fabaceae
### 野豌豆属 Vicia

**长柔毛野豌豆 Vicia villosa Roth.**

一年或二年生草本。茎细弱，多分枝，蔓生或攀缘。羽状复叶，有分叉的卷须；小叶10~20枚，长圆形或线状长圆形；托叶半箭头形。总状花序腋生，花多而密，排列偏向一侧；花萼斜圆筒状，萼齿5个，线状披针形；花冠淡紫色或淡红色。荚果长圆状菱形，侧扁，先端具喙。花果期4~10月。河北各地均有分布。生于山谷、丘陵草原、石质黏土、草原湿地和石质黏土坡。为优良的牧草及绿肥作物。见于北戴河国家湿地公园5号楼附近。

## 豆科 Fabaceae

### 大豆属 Glycine

**野大豆 Glycine soja Sieb. et Zucc.**

一年生草本。茎纤细，缠绕。三出羽状复叶，顶生小叶卵状披针形，侧生小叶斜卵状披针形，比顶生小叶稍小。总状花序腋生，花小，淡紫色。荚果镰刀形，密生淡褐色硬毛。花期6～7月，果期8～9月。河北各地均有分布。生于河流沿岸、湿草地、沼泽附近、灌丛、林缘。喜水，耐湿，耐盐碱，耐寒。茎叶可作为牲畜饲草；种子、根、茎和荚果可入药。见于北戴河国家湿地公园9号楼和科研中心附近。

## 豆科 Fabaceae

### 两型豆属 Amphicarpaea

**三籽两型豆 Amphicarpaea trisperma (Miq.) Baker. ex Jackson**

一年生草质藤本。三出羽状复叶，顶生小叶菱状卵形或宽卵形，侧生小叶斜卵形，托叶披针形，叶柄有硬毛。花两型：由地上茎生出的总状花序有花2～6朵，花萼筒状，萼齿5个，花冠淡紫色；另一种花生于下部叶腋，无花冠或仅有花冠的遗迹，受精后在地下结实。地上形成的荚果线状长圆形，含肾状球形种子数粒；由地下不完全花形成的荚果椭圆形，含种子1粒。花期7～8月，果期8～9月。产于河北青龙、丰宁、宣化、蔚县、涞源、井陉、涉县。生于林缘、疏林下、山坡、湿草地、灌丛中。茎叶可作为牲畜饲料。见于北戴河国家湿地公园环湖路附近。

## 豆科 Fabaceae

### 菜豆属 *Phaseolus*

**山绿豆 *Phaseolus minimus* Roxb.**

一年生缠绕草本。茎细弱，表面被倒生的硬毛。三出羽状复叶，顶生小叶卵形，侧生小叶斜卵形，两面疏生硬毛；托叶披针形，盾状着生。总状花序腋生，有花1～3朵；花萼杯状，倾斜，萼齿三角状；花冠淡黄色，龙骨瓣上端卷曲不超过1圈。荚果细圆柱形，含种子10多粒，种脐白色。花期7～8月，果期8～9月。产于河北北戴河、昌黎等地。生于堤岸、山坡、灌丛中及稍湿的草地上。种子入药，具行气止痛的功效。见于北戴河国家湿地公园环湖路附近。

## 酢浆草科 Oxalidaceae

### 酢浆草属 *Oxalis*

**黄花酢浆草 *Oxalis pescaprae* L.**

多年生草本。无地上茎，地下具鳞茎。叶基生，具长柄，掌状3枚小叶，倒心形，有毛，叶上有紫色斑点。花数朵组成伞形花序，鲜黄色，花径约2cm，萼片5片，花瓣5片；雄蕊10枚；子房由5个心皮连合而成。蒴果。花期4～9月，果期8～10月。原产于南非；河北各公园或庭院有栽培。适应性强，喜充足的光照，喜湿润。常作为观赏花卉和地被植物；全草入药，具清热解毒、行气活血的功效。见于北戴河国家湿地公园葡萄长廊。

## 牻牛儿苗科 Geraniaceae

### 老鹳草属 Geranium

**鼠掌老鹳草 Geranium sibiricum L.**

一年或多年生草本。茎仰卧，多分枝。叶对生，掌状5深裂，两面被疏伏毛，托叶披针形。总花梗单生于叶腋，长于叶；苞片对生；萼片卵状披针形；花瓣倒卵形，淡紫色或白色。蒴果。花果期6～10月。河北各地均有分布。生于林缘、灌丛、河谷草甸。全草入药，具清热解毒、祛风活血的功效。

## 亚麻科 Linaceae

### 亚麻属 Linum

**宿根亚麻 Linum perenne L.**

**别名：多年生亚麻**

多年生草本。叶线形或线状披针形，无叶柄。聚伞花序，有花多朵，花直径20～25mm；萼片卵状披针形，边缘膜质；花瓣倒卵形，蓝色或蓝紫色。蒴果5裂。花期4～5月，果期5～6月。产于河北康保、崇礼等地。生于山坡草地、疏林下、路旁。园林绿化花卉植物；藏医用于治子宫瘀血、闭经、身体虚弱。见于北戴河国家湿地公园花甸。

## 大戟科 Euphorbiaceae

### 大戟属 *Euphorbia*

**乳浆大戟** *Euphorbia esula* L.

多年生草本。根褐色或黑褐色。叶线形至卵形，不育枝叶常为松针状，苞叶2枚。花序单生于二歧分枝的顶端；总苞钟状；腺体4，褐色，花柱3个，柱头2裂。蒴果具3条纵沟；种子卵球状，种阜盾状。花期4~7月，果期6~8月。河北各地均有分布。生于干燥沙地、路旁、河滩、草原、山坡及山沟内。种子含干性油，可供工业用；全草入药，具解毒散结的功效。见于北戴河国家湿地公园高架栈桥附近。

## 大戟科 Euphorbiaceae

### 大戟属 *Euphorbia*

**地锦草** *Euphorbia humifusa* Willd.

一年生草本。茎纤细，平卧，红紫色。叶对生，长圆状倒卵形；托叶细锥状，羽状细裂。杯状聚伞花序；总苞倒圆锥形，顶端4裂；子房具3条纵棱。蒴果三棱状球形；种子黑褐色，外被白色蜡粉。花期6～9月，果期7～10月。河北各地均有分布，为习见田间杂草。生于路旁、田间、荒地、山坡。全草入药，具清热解毒、止血、利尿、通乳、杀虫等功效。见于北戴河国家湿地公园陈列馆路附近。

## 大戟科 Euphorbiaceae

### 大戟属 *Euphorbia*

**斑地锦** *Euphorbia maculata* L.

一年生草本。茎匍匐，被白色疏柔毛。叶对生，长椭圆形至肾状长圆形，边缘中部以下全缘，中部以上常具细小疏锯齿；叶片中部常具紫色斑点。花序单生于叶腋；总苞狭杯状，外部具白色疏柔毛，腺体4，边缘具白色附属物。蒴果三角状卵形；种子灰棕色。花果期4～9月。原产于北美洲，归化于欧亚大陆；河北各地均有分布。生于平原、山坡、路边。全草入药，具止血、清湿热、通乳的功效。见于北戴河国家湿地公园陈列馆路附近。

## 大戟科 Euphorbiaceae
### 大戟属 Euphorbia

**通奶草 Euphorbia hypericifolia L.**

一年生草本。茎单生或簇生。叶对生，倒卵形或狭长圆形，边缘具不明显的细锯齿，基部圆形，常偏斜；托叶卵状三角形，边缘刚毛状撕裂。杯状聚伞花数个簇生；总苞陀螺形，顶端4裂，裂片间有头状小体，具白色花瓣状附属物。蒴果被伏贴的短柔毛；种子卵状四棱形，每面有4~5个横沟。花果期6~10月。河北各地均有分布。生于荒地、旷野、路旁或阴湿灌丛下。全草入药，具清热利湿、收敛止痒的功效。见于北戴河国家湿地公园陈列馆路附近。

## 大戟科 Euphorbiaceae
### 变叶木属 Codiaeum

**变叶木 Codiaeum variegatum (L.) Rumph. ex A. Juss.**

灌木。幼枝灰褐色，有近圆形的叶痕。叶近革质，全缘或具裂，绿色或常杂以白色、黄色或红色斑纹。总状花序腋生，花多数；花小，单性，雌雄同株而异序，花萼5裂，花瓣5片，远较花萼短。蒴果球形，白色；种子褐色而稍带杂色斑纹。花期9~10月。我国南部各省区均有引种栽培；河北各地均有栽培。喜高温、湿润和阳光充足的环境，不耐寒。见于北戴河国家湿地公园11号楼附近盆栽。

## 大戟科 Euphorbiaceae

### 铁苋菜属 Acalypha

**铁苋菜 Acalypha australis L.**

一年生草本。叶膜质，基出3脉，侧脉3对。雌雄花同序，花序腋生；雄花生于花序上部，穗状或头状；雌花苞片1~2片，苞腋具雌花1~3朵。蒴果具3个分果爿；种子近卵状，假种阜细长。花期7~9月，果期8~10月。河北各地均有分布，为习见田间杂草。生于山坡、沟边、路旁、田野。全草入药，具清热解毒、利水消肿、止血、止痢、止泻的功效，亦可作为家畜饲料。见于北戴河国家湿地公园科研中心附近。

## 苦木科 Simaroubaceae

### 臭椿属 Ailanthus

**臭椿 Ailanthus altissima (Mill.) Swingle**

落叶乔木。奇数羽状复叶，小叶13~27枚，纸质，两侧各具1~2个粗锯齿，齿背有腺体1个，叶揉碎后具臭味。圆锥花序，花淡绿色，萼片5片，覆瓦状排列，花瓣5片；柱头5裂。翅果。花期5~6月，果期9~10月。河北各地均有分布。生于山坡或种植于居民点附近。喜光，耐寒，耐干旱，不耐阴，适生于深厚、肥沃、湿润的砂质土壤上。木材可制作车辆和家具；叶可饲椿蚕；种子含油约35%，可榨油；树皮、根皮、果均可入药，具清热利湿、收敛止痢等功效。见于北戴河国家湿地公园管理房附近。

# 楝科 Meliaceae

## 香椿属 Toona

**香椿** *Toona sinensis* (A. Juss.) M. Roem.

落叶乔木。树皮赭褐色，呈片状脱落。偶数羽状复叶，叶具长柄，有特殊气味；小叶10~22枚，对生，纸质。圆锥花序顶生，花芳香，花瓣5片，白色。蒴果5瓣裂；种子有膜质长翅。花期5~6月，果期8~9月。河北各地均有栽培。喜光，较耐湿，适生于肥沃湿润的土壤上，以沙壤土为宜。幼芽、嫩叶可食用；木材细致美观，可作为家具、造船及房屋建筑用材；种子可榨油；根皮及果入药，具收敛止血、去湿止痛的功效。见于北戴河国家湿地公园科研中心附近栽培。

## 漆树科 Anacardiaceae

### 盐肤木属 Rhus

**火炬树 Rhus typhina L.**

灌木或小乔木。小枝、叶柄、叶轴和花序密生灰绿色柔毛。奇数羽状复叶，小叶长圆状披针形，先端渐尖或尾尖，基部宽楔形，边缘具锯齿。圆锥花序顶生，花小，绿色，密生短柔毛。核果球形，深红色。花期7~8月，果期9~10月。原产于北美洲；河北各地多有栽培。根系发达，萌蘖力强，生长迅速。为保持水土的优良树种；树皮、叶含有单宁，是制取鞣酸的原料；果含有柠檬酸和维生素C，可制作饮料；种子含油蜡，可制作肥皂和蜡烛；木材纹理致密美观，可制作工艺品；根皮可入药。见于北戴河国家湿地公园2号门南侧。

## 漆树科 Anacardiaceae

### 黄栌属 Cotinus

**毛黄栌 Cotinus coggygria Scop. var. pubescens Engl.**

落叶灌木或小乔木。单叶互生，卵圆形至倒卵形，两面显著被毛，背面更密，侧脉6~8对，顶端常分叉。圆锥花序顶生，花杂性，花黄色；子房1室，具2~3个偏生花柱。果序有多数紫绿色羽毛状细长花梗。核果稍歪斜；种子肾形。花期4~5月，果期6~7月。河北各地均有分布。生于山坡、沟边及灌丛中。木材可提取黄色染料；枝、叶入药，能消炎、清湿热；秋季叶变红，常作为庭园观赏树种或风景林树种。见于北戴河国家湿地公园5号楼附近栽培。

被子植物门
Angiospermae

## 槭树科 Aceraceae

### 槭属 Acer

**元宝枫** *Acer truncatum* Bunge

**别名**：元宝槭

落叶乔木。树皮灰褐色，深纵裂。叶纸质，常5裂，具5条主脉，裂片三角卵形或披针形，全缘，基部截形，稀心形。花黄绿色，杂性；萼片5片，黄绿色；花瓣5片，淡黄色或淡白色；花柱2裂，柱头反卷。小坚果具翅。花期5~6月，果期8~10月。产于河北宽城都山、迁西、兴隆、赞皇、武安等地。生于疏林中。木材细密，可作为各种用具、房屋建筑等用材；种子含油率46%~48%，可供食用及工业用；树形圆，叶秀丽，是良好的绿化树种之一。见于北戴河国家湿地公园10号楼附近。

## 槭树科 Aceraceae

### 槭属 Acer

**色木枫 Acer pictum Thunb.**

**别名：** 色木槭，五角枫

落叶乔木。单叶对生，宽长圆形，掌状5裂，裂片卵形，基部近心形。伞房花序顶生，花杂性，雄花与两性花同株；花萼5裂，花瓣5片，黄白色。小坚果压扁状，果翅长圆形，翅与小坚果共长2cm，张开呈锐角。花期4~5月，果熟期9~10月。产于河北兴隆、武安。生于山坡或山谷疏林中。喜湿润肥沃土壤。木材坚韧，可作为器具、家具及细工用材；树皮为人造棉及造纸原料；种子榨油供食用及工业用；栽培供观赏。见于北戴河国家湿地公园10号楼附近栽培。

## 槭树科 Aceraceae

### 槭属 Acer

**鸡爪枫 Acer palmatum Thunb.**

**别名：** 鸡爪槭

落叶乔木。枝紫色或淡紫绿色。叶片圆形，5~9掌状分裂，通常7裂，裂片长圆卵形或披针形，基部心形，边缘具重锯齿。伞房花序，杂性，雄花与两性花同株；花萼紫色，卵状披针形；花瓣绿色。小坚果球形，翅与小坚果共长2~2.5cm，张开呈钝角。花期5月，果熟期10月。河北各地均有栽培。生于林缘或疏林中。可作为行道和观赏树种栽植，是较好的"四季"绿化树种；枝、叶入药，具行气止痛、解毒消痈的功效。见于北戴河国家湿地公园10号楼附近栽培。

## 槭树科 Aceraceae

### 槭属 *Acer*

**日本红枫** *Acer palmatum* Thunb. cv. 'Atropurpureum'

落叶乔木。树皮深灰色。叶圆形，裂片长卵圆形或披针形，叶柄长4～6cm，细瘦，无毛。伞房花序，具少花，杂性，雄花与两性花同株；花萼紫色，5片，卵状披针形；花瓣绿色，5片，椭圆形或倒卵形；雄蕊8枚，无毛；子房无毛，花柱长，2裂，柱头扁平。小坚果球形。花期5月，果熟期9～10月。河北各地均有栽培。树形优美，春夏季新叶吐红，叶色鲜艳美丽，老叶则有返青表现，是优良的观叶园林植物新品种。见于北戴河国家湿地公园10号楼附近。

## 槭树科 Aceraceae

### 槭属 *Acer*

**花楷枫** *Acer ukurunduense* Trautv. et C. A. Meyer

**别名**：花楷槭

落叶乔木。树皮常裂成薄片脱落。叶近圆形，膜质或纸质，基部截形或近心形，常5裂，边缘具粗锯齿。总状圆锥花序顶生，花单性，雌雄异株；萼片5片，淡黄绿色；花瓣5片，白色或淡黄；子房密被绒毛。翅果常成直立的穗状果序，小坚果卵圆形，翅与小坚果共长1.5～2cm，张开呈直角。花期5月，果期9～10月。河北各地偶有栽培。见于北戴河国家湿地公园1号楼附近栽培。

## 槭树科 Aceraceae

### 槭属 *Acer*

**梣叶槭** *Acer negundo* L.

**别名：复叶枫，复叶槭**

落叶乔木。树皮灰褐色，浅裂。羽状复叶，小叶卵形至披针状长圆形，边缘常具3~5个粗锯齿，顶生小叶偶3裂。雌雄异株，雄株伞房花序多生于枝侧，雌株总状花序下垂，无花瓣及花盘。小坚果凸起，翅连同小坚果长3~3.5cm，张开呈近70°的锐角。花期4月，果期6~7月。原产于北美洲；河北各地均有栽培。喜光，耐寒，耐干旱，耐轻度盐碱。为优良的蜜源植物；可作为行道树或庭园观赏树；树液可熬制槭糖。见于北戴河国家湿地公园槐杨东路附近栽培。

## 无患子科 Sapindaceae

### 栾树属 *Koelreuteria*

**栾树 *Koelreuteria paniculata* Laxm.**

落叶乔木。小枝具疣点。奇数羽状复叶，小叶对生或互生。聚伞圆锥花序，花淡黄色，中心紫色；萼片5片，有睫毛；花瓣4片，开花时向外反折；子房三棱形。蒴果肿胀，边缘具膜质薄翅3片；种子黑色。花期6~7月，果期8~9月。河北各地野生或栽培。生于低山和平原。喜光，耐半阴，耐寒，深根性，萌蘖力强，抗风能力较强。叶可提取栲胶；花可制作黄色染料；种子可榨油；木材可制作农具和家具。见于北戴河国家湿地公园7号楼和科研中心附近栽培。

## 无患子科 Sapindaceae

### 文冠果属 *Xanthoceras*

**文冠果 *Xanthoceras sorbifolium* Bunge**

落叶灌木或小乔木。奇数羽状复叶，小叶9~19枚，膜质，狭椭圆形至披针形，背面疏生星状柔毛。圆锥花序，花杂性；花瓣5片，白色，基部红色或黄色；花盘5裂，裂片背面有一角状橙色的附属体。蒴果，果皮厚木栓质。花期4~5月，果期6~8月。河北各地多有栽培，小五台山有野生分布。生于山坡或沟岸。喜阳，耐瘠薄，耐盐碱，抗旱能力极强，不耐涝。种子油供食用或工业用；种子嫩时白色，可食；木材及枝叶可入药，具祛风湿的功效。见于北戴河国家湿地公园11号楼附近栽培。

## 卫矛科 Celastraceae

### 卫矛属 Euonymus

**冬青卫矛 Euonymus japonicus Thunb.**

常绿灌木。叶对生，革质，倒卵形、椭圆形或长圆状椭圆形，叶面光亮。聚伞花序腋生，有花5~15朵；花白绿色，花瓣阔卵形；花盘肥厚，方形，雄蕊着生其边缘上。蒴果近球状；种子外被橙红色假种皮。花期5~6月，果熟9~10月。原产于日本；河北各地广泛栽培。用于观赏或作为绿篱，对多种有毒气体抗性很强，是污染区理想的绿化树种。见于北戴河国家湿地公园管理房和12号楼附近栽培。

## 卫矛科 Celastraceae

### 卫矛属 Euonymus

#### 白杜 *Euonymus maackii* Rupr.
**别名：** 白杜卫矛

小乔木。叶对生，卵状椭圆形、卵圆形或窄椭圆形，边缘具细锯齿。二歧聚伞花序，有花3～7朵，花黄绿色；花药紫色。蒴果粉红色，倒圆锥形，4浅裂；种子淡棕色，有橘红色假种皮。花期5～6月，果期9～10月。河北各地多有栽培。喜光，耐寒，耐干旱，稍耐阴，耐水湿，根萌蘖力强，生长较慢。枝叶秀丽，红果密集，常作庭阴树和行道树；树皮含硬橡胶，种子含油率达40%以上，可作工业用油；果在民间入药，治腰膝痛。见于北戴河国家湿地公园3号楼附近栽培。

## 卫矛科 Celastraceae

### 南蛇藤属 Celastrus

**南蛇藤 Celastrus orbiculatus Thunb.**

落叶藤状灌木。叶倒卵状阔椭圆形、近圆形或长圆状椭圆形，先端圆阔，具小急尖或渐尖，边缘具锯齿或圆锯齿。聚伞花序腋生，小花多3～7朵；雄花萼片钝三角形，花瓣倒卵状椭圆形；雌花花冠较雄花窄小，花盘较雄花稍深厚，肉质。蒴果球状；种子扁椭圆形，赤褐色。花期5～6月，果期7～10月。河北各地均有分布。生于山坡灌丛。植株姿态优美，具有较高的观赏价值；果作中药合欢花用；树皮可制作优质纤维；种子含油50%。见于北戴河国家湿地公园新河北路附近。

## 黄杨科 Buxaceae

### 黄杨属 Buxus

**豆瓣黄杨 Buxus sinica (Rehd. et E. H. Wils.) M. Cheng**

**别名**：瓜子黄杨

常绿灌木或小乔木。茎灰白色，小枝四棱形。叶革质，对生，宽椭圆形至宽倒卵形、卵状椭圆形或长椭圆形，全缘，先端常凹陷。花单性，雌雄同株；花序头状，腋生；花黄色，雄花约10朵，生于花序下部，雌花生于花序上部，花被片6片。蒴果近球形，黑褐色。花期4～5月，果期8～9月。河北各地均有栽培。喜光，耐阴，耐干旱，耐寒，耐碱。枝叶茂密，叶厚呈深绿色，可作为绿篱和布置成花坛或盆景；对多种有毒气体抗性强，是厂矿地区绿化的重要材料。见于北戴河国家湿地公园新河北路附近。

## 鼠李科 Rhamnaceae

### 枣属 *Ziziphus*

**枣** *Ziziphus jujuba* Mill.

落叶小乔木。短枝和无芽小枝紫红色或灰褐色，呈"之"字形弯曲，具2托叶刺。叶纸质，卵状矩圆形，顶端具小尖头，边缘具圆齿状锯齿。花黄绿色，两性；萼片5片，卵状三角形；花瓣5片，倒卵状匙形。核果成熟时红色。花期5~7月，果期8~9月。河北各地广泛栽培。耐干旱，耐涝性较强，对光较敏感，耐贫瘠，耐盐碱。可制蜜枣、酒醉枣等蜜饯和果脯；果可入药，具养胃、健脾、益血、滋补、强身的功效；枣仁和根均可入药，枣仁能镇静、安神；花芳香多蜜，为良好的蜜源植物。见于北戴河国家湿地公园11号楼附近栽培。

## 葡萄科 Vitaceae

### 葡萄属 Vitis

**葡萄 Vitis vinifera L.**

落叶攀援藤本。枝具细条纹，呈"之"字形弯曲，卷须与枝对生。叶圆卵形，3～5浅裂，基部深心形，弯缺，常闭锁，边缘具粗牙齿。圆锥花序与叶对生，花小，杂性异株；花萼盘形；花瓣5片，黄绿色，顶端合生呈帽状。果序下垂。果肉多汁，味甜或稍酸。花期5～6月，果期8～9月。河北各地广泛栽培，品种很多。果生食，为著名水果之一，并可酿酒及做罐头、果酱和晒制葡萄干；果能去湿、利水；根和藤能止呕、安胎。见于北戴河国家湿地公园葡萄长廊。

## 葡萄科 Vitaceae

### 地锦属 Parthenocissus

**地锦 Parthenocissus tricuspidata (Sieb. et Zucc.) Planch.**

**别名：爬山虎**

落叶木质藤本。卷须短，分枝多，顶端有吸盘。叶互生，宽卵形，通常3浅裂，小叶有柄。聚伞花序，常生于两叶间的短枝端，花萼全缘，花瓣5片，顶端反折；雄蕊5枚，与花瓣对生。浆果球形，蓝色。花期6～7月，果期9～10月。产于河北青龙、迁西、井陉等地。常攀援于墙壁、树木、岩石上。枝叶茂盛，攀援性强，是垂直绿化的优选植物；根、茎入药，能祛风通经、活血解毒；果可酿酒。见于北戴河国家湿地公园新河北路附近。

## 葡萄科 Vitaceae

### 地锦属 *Parthenocissus*

**五叶地锦** *Parthenocissus quinquefolia* (L.) Planch.

落叶木质攀援藤木。茎皮红褐色，幼枝淡红色，具4棱，卷须与叶对生。掌状小叶5枚，椭圆状卵形至楔状倒卵形，基部常楔状，边缘中部以上具粗齿。圆锥状聚伞花序与叶对生；花萼近5齿，截形；花瓣5片，黄绿色，顶端合生。果实球形，成熟时蓝黑色。花期6~8月，果期9~10月。原产于北美洲；河北各公园或建筑物墙上有引栽。多用于垂直绿化，也可作为地被植物；对二氧化硫等有害气体有较强的抗性，宜作为工矿街坊的绿化材料。见于北戴河国家湿地公园管理房附近栽培。

## 葡萄科 Vitaceae

### 乌蔹莓属 Cayratia

**乌蔹莓 Cayratia japonica (Thunb.) Gagnep.**

草质藤本。茎有卷须。鸟足状复叶，小叶5枚，椭圆形至窄卵形，边缘具疏锯齿，中央小叶较大。聚伞花序腋生或假腋生，花小，有短梗；花瓣4片，黄绿色；雄蕊4枚，与花瓣对生。果卵形，成熟时黑色。花期6月，果期8～9月。产于河北魏县、广平、成安、大名等地。生于旷野、山谷、林下、路旁。全草入药，具凉血解毒、活血散瘀、利尿的功效。见于北戴河国家湿地公园科研中心附近。

## 锦葵科 Malvaceae

### 蜀葵属 Alcea

**蜀葵 Alcea rosea L.**

二年生草本。叶近圆心形，掌状5～7浅裂或具波状棱角，被星状毛。总状花序，花单生或近簇生；叶状苞片杯状，密被星状粗硬毛；花萼钟状，5齿裂；花瓣倒卵状三角形，有紫、粉、红、白等色。分果瓣近圆形，背部具纵沟槽。花果期6～9月。河北各地广泛栽培。喜光，耐半阴，忌涝，耐盐碱能力强，耐寒。常栽培供观赏用；花、种子和根皮入药，能通便利尿；种子可榨油。见于北戴河国家湿地公园管理房附近栽培。

## 锦葵科 Malvaceae

### 木槿属 Hibiscus

**木槿 Hibiscus syriacus L.**

落叶灌木。小枝被星状毛或近无毛。叶菱状卵圆形，先端钝尖，基部楔形，上部常3浅裂或具不整齐粗齿。花单生于枝端叶腋；花萼钟状，5裂；花冠钟状，淡紫色，花瓣楔状倒卵形。蒴果卵圆形，密被金黄色星状绒毛；种子肾形，淡褐色。花期7～9月。河北各地广泛栽培。稍耐阴，耐修剪，耐热，耐寒，喜温暖湿润气候。供观赏用或作为绿篱；茎皮纤维为造纸原料；全株入药，具清热、凉血、利尿的功效；对二氧化硫、氯气等的抗性较强。见于北戴河国家湿地公园陈列馆路附近栽培。

## 木棉科 Bombacaceae

### 瓜栗属 Pachira

**瓜栗 Pachira aquatica Aublet**

**别名：发财树**

小乔木。树冠较松散，幼枝栗褐色。小叶5～11枚，具短柄或近无柄，长圆形至倒卵状长圆形，基部楔形，全缘，表面无毛，背面被锈色星状茸毛。花单生枝顶叶腋；花萼杯状，近革质；花瓣淡黄绿色，上半部反卷。蒴果近梨形，果皮厚，木质；种子表皮暗褐色，有白色螺纹。花期5～11月。原产于中美洲墨西哥至哥斯达黎加；河北各地均有盆栽。耐寒性差，喜肥沃疏松、透气保水的沙壤土。树形美观，叶片全年青翠，是优良的室内观叶植物；热带地区常作行道树和风景树；果皮未熟时可食；种子可炒食。见于北戴河国家湿地公园11号楼附近栽培。

## 堇菜科 Violaceae

### 堇菜属 *Viola*

**紫花地丁 *Viola philippica* Cav.**

多年生草本。无地上茎。叶三角状卵形或狭卵形，先端钝圆，基部截形或楔形，稀微心形，边缘具较平的圆齿。花紫堇色或淡紫色，稀白色，喉部色淡并有紫色条纹，距细管状。蒴果长圆形；种子卵球形，淡黄色。花期4~5月。河北各地均有分布。生于路旁荒地、住宅附近草地、路边或山坡。为早春观赏花卉；嫩叶可作野菜；全草入药，能清热解毒、凉血消肿。见于北戴河国家湿地公园陈列馆路附近。

## 堇菜科 Violaceae

### 堇菜属 *Viola*

**早开堇菜 *Viola prionantha* Bunge**

多年生草本。无地上茎。叶基生，在花期呈长圆状卵形，基部微心形或截形，边缘密生细圆齿，在果期呈三角状卵形，基部宽心形，叶柄上部有狭翅；托叶干后膜质。花紫堇色，喉部色淡并有紫色条纹；萼片具白色狭膜质边缘。蒴果长椭圆形；种子卵球形。花期3~4月，果期6~8月。河北各地均有分布。生于田边、荒草地、路边、沟边，有时成片。花较大，色泽艳丽，是良好的早春观赏植物；全草入药，具清热解毒、除脓消炎的功效。见于北戴河国家湿地公园陈列馆路附近。

## 柽柳科 Tamaricaceae

### 柽柳属 *Tamarix*

**柽柳** *Tamarix chinensis* Lour.

灌木或小乔木。枝细长，常下垂，老枝深紫色或紫红色。叶钻形或卵状披针形，先端锐尖，具脊。春季总状花序侧生于去年生枝上，夏秋季总状花序生于当年生枝上，常组成顶生圆锥花序；花瓣5片，矩圆形；花盘5裂，裂片顶端微凹。蒴果圆锥形。花期5～9月。河北各地均有分布。常生于盐渍土上。枝条可编筐篓；嫩枝叶入药，能解表、利尿、祛风湿。见于北戴河国家湿地公园大潮坪和陈列馆路附近。

## 秋海棠科 Begoniaceae

### 秋海棠属 *Begonia*

**四季海棠** *Begonia semperflorens* Link et Otto
**别名：** 四季秋海棠，蚬肉海棠

多年生肉质草本。叶卵形，基部略偏斜，叶缘具锯齿和睫毛，两面光亮，绿色，主脉常微红色；托叶大，干膜质。花数朵聚生于腋生的总花梗上，粉红色或带白色；雄花较大，花被片4片；雌花稍小，花被片5片。蒴果绿色，具红色翅。原产于巴西；我国各地均有栽培；河北各公园和庭院多有盆栽。喜光，稍耐阴，怕热及水涝，对阳光十分敏感。姿态优美，花朵成簇，四季开放，稍带清香，常用于布置花坛或室内盆栽。见于北戴河国家湿地公园11号楼附近栽培。

## 葫芦科 Cucurbitaceae

### 南瓜属 Cucurbita

#### 西葫芦 Cucurbita pepo L.

一年生蔓生草本。茎须多分叉，有半透明粗糙毛。叶质硬，直立，常明显分裂，裂片尖端锐尖，两面有粗糙毛。雌雄同株，花单生，黄色；花萼裂片线状披针形；花冠筒常向基渐狭呈钟状，分裂至近中部，顶端锐尖；雄蕊3枚；子房1室。果梗粗壮，有明显棱沟，果蒂随生长变粗，果形状因品种而异；种子卵形，白色，边缘拱起而钝。花果期夏秋季。原产于热带非洲及亚洲西部；河北各地广泛栽培。喜温，耐干旱，对土壤要求不严格，但以肥沃、中性或微酸性沙壤土为宜。果作蔬菜。见于北戴河国家湿地公园果园路附近栽培。

## 葫芦科 Cucurbitaceae

### 南瓜属 Cucurbita

**南瓜** *Cucurbita moschata* Duch.

一年生蔓生草本。茎常节部生根，被短刚毛，卷须分3~4叉。叶柔软，宽卵形或卵圆形，5浅裂或有五角，两面密被茸毛。雌雄同株，花单生，花冠钟状，5中裂，具皱纹。果柄有棱槽，瓠果常有数条纵沟。花期6~7月，果熟9~10月。河北各地广泛种植。喜温，耐干旱，以中性或微酸性沙壤土为宜。果作蔬菜；种子入药，具清热除湿、驱虫的功效，对血吸虫有控制和杀灭作用。见于北戴河国家湿地公园果园路附近栽培。

## 葫芦科 Cucurbitaceae

### 丝瓜属 Luffa

**丝瓜** *Luffa aegyptiaca* Mill.

一年生攀援草本。茎有棱沟，卷须粗壮，常分2~4叉。叶三角形或近圆形，掌状5~7裂，边缘具小齿，两面粗糙有腺点。雌雄同株，花冠黄色，辐状，具3条明显的褐色主脉。果实圆柱形，未熟时肉质，成熟后干燥，里面有网状纤维；种子黑色，边缘狭翼状。花期5~9月。原产于印度；河北各地广泛种植。嫩果菜用；果熟时果皮网状纤维可入药，具清凉利尿、活血、通经的功效。见于北戴河国家湿地公园果园路附近栽培。

## 葫芦科 Cucurbitaceae

### 葫芦属 Lagenaria

**葫芦** *Lagenaria siceraria* (Molina) Standley

攀援草本。茎、枝具沟纹，被黏质长柔毛，卷须分2叉。叶心状卵形或肾状卵形，不分裂或3~5裂，具5~7条掌状脉，边缘具不规则的小齿。雌雄同株，花白色，单生，花萼裂片披针形，花冠裂片皱波状，被柔毛或黏毛。瓠果中间缢细，下部大于上部，成熟后果皮变木质。花期8~9月。河北各地多有栽培。瓠果熟后外壳木质化，可制作各种容器，也用来加工成烙画葫芦、彩绘葫芦、雕刻葫芦等。见于北戴河国家湿地公园葫芦长廊。

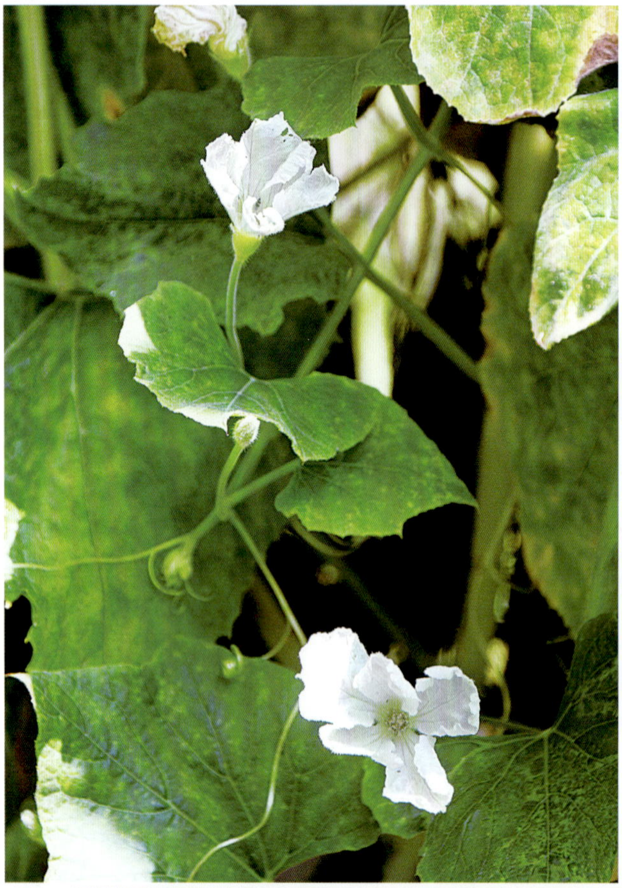

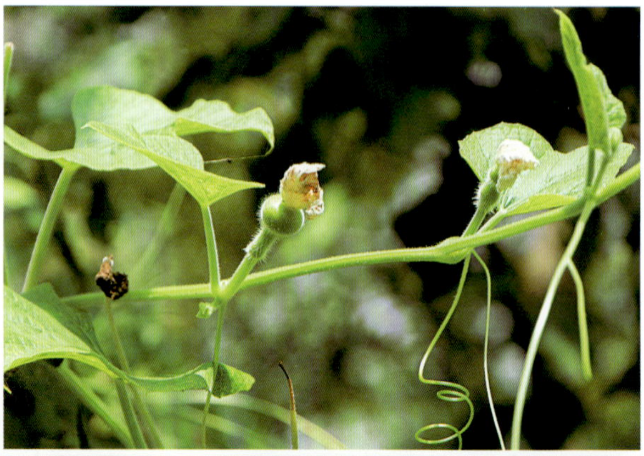

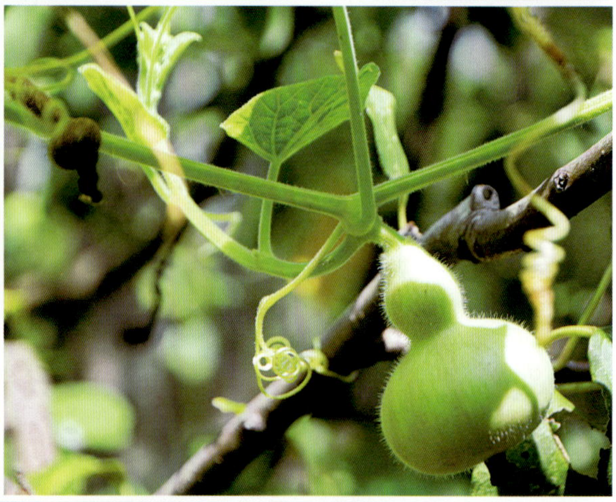

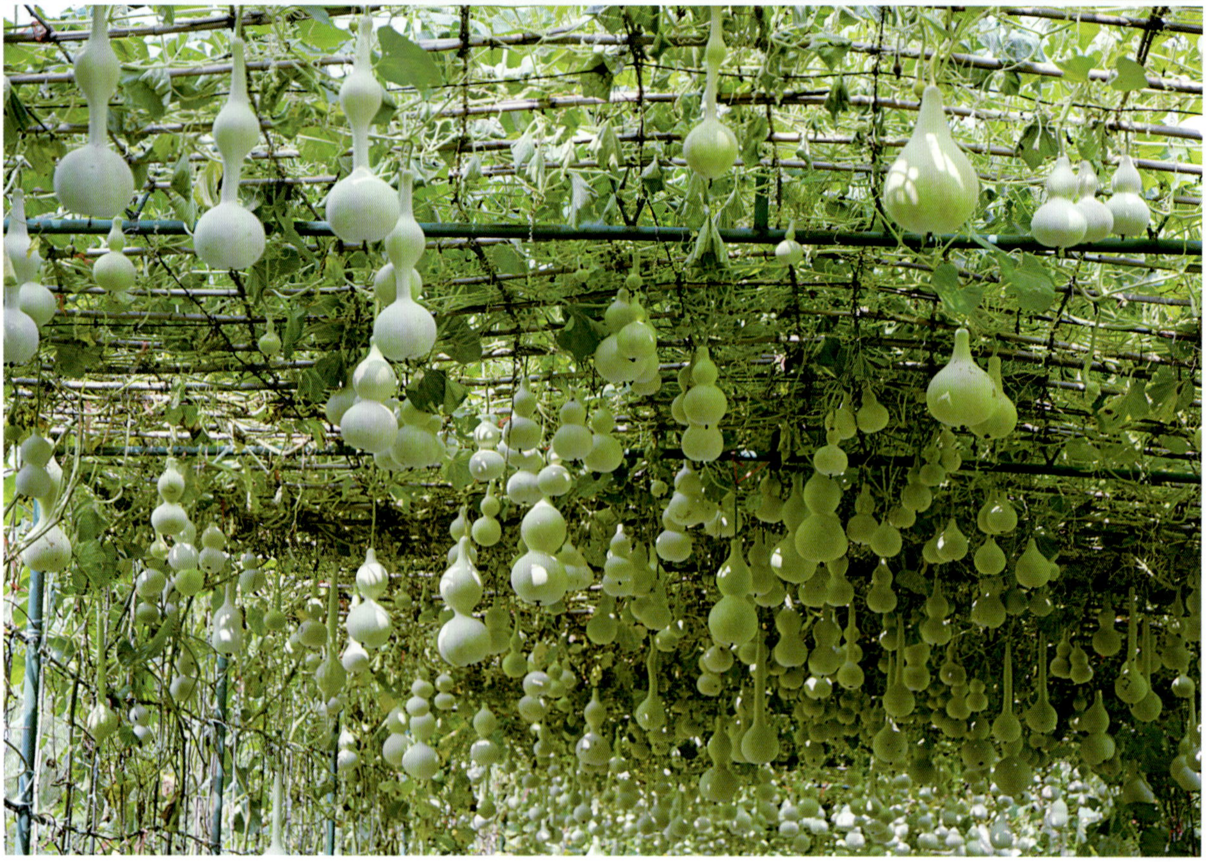

## 千屈菜科 Lythraceae

### 千屈菜属 *Lythrum*

**千屈菜** *Lythrum salicaria* L.

多年生草本。根木质状。茎多分枝，四棱形或六棱形。下部叶对生，上部叶互生，稀3枚轮生，广披针形或狭披针形。总状花序顶生，花两性，数朵簇生于叶状苞叶内；花萼筒状，萼齿三角形，齿间有尾状附属物；花瓣6片，紫色；子房上位，柱头柱状。蒴果。花期7~9月。河北各地均有分布。生于河岸、湖畔、溪沟边和潮湿草地。株丛整齐，花朵繁茂，常栽植于水边或盆栽供观赏；嫩茎叶可作野菜食用；全草入药，具清热解毒、凉血止血的功效。见于北戴河国家湿地公园水湿之处。

## 千屈菜科 Lythraceae

### 紫薇属 *Lagerstroemia*

**紫薇** *Lagerstroemia indica* L.

**别名**：痒痒树

落叶灌木或小乔木。树皮平滑，灰褐色，小枝具4条棱，呈翅状。叶纸质，椭圆形、阔矩圆形或倒卵形，侧脉3~7对，叶近无柄。圆锥花序顶生，花瓣6片，淡粉红或深红色，皱缩，具长爪；子房3~6室。蒴果幼时绿色至黄色，成熟时紫黑色，6瓣裂；种子有翅。花期6~9月，果期9~12月。河北各地均有栽培。喜暖湿气候，耐干旱，忌涝，根萌蘖力强。木材坚硬、耐腐，可作为农具、家具、房屋建筑等用材；树皮、叶及花为强泻剂；根和树皮煎剂可治咯血、吐血、便血。见于北戴河国家湿地公园9号楼附近栽培。

## 千屈菜科 Lythraceae

### 紫薇属 *Lagerstroemia*

**银薇** *Lagerstroemia indica* L. var. *alba* Nichols.

为紫薇的变种，主要区别在于该变种花瓣白色。花期6～9月，果期9～12月。用途同紫薇。见于北戴河国家湿地公园9号楼附近栽培。

## 菱科 Trapaceae

### 菱属 Trapa

**格菱 Trapa pseudoincisa Nakai**

一年生水生草本。茎细长，沉于水中。沉水叶对生，羽状细裂，裂片丝状；浮水叶聚生茎顶，叶柄中部以上常有狭长的海绵质气囊，近三角形或菱形，全缘。花白色，沿脊有毛。果三角形，顶端有倒刺；腰角不存在，通常有小丘状突起。花期6~8月，果期9~10月。河北各地偶有分布。生于湖泊、池塘等水生环境中。果供食用、酿酒和药用；菱盘可作为饲料和肥料。见于北戴河国家湿地公园8号塘。

## 柳叶菜科 Onagraceae

### 月见草属 Oenothera

**月见草 Oenothera biennis L.**

二年生草本。下部叶狭倒披针形，具柄；上部叶卵形，近无柄，边缘具牙齿，中脉红色。花腋生，黄色，夜间开放，有香气；萼筒喉部扩展，绿色；花瓣4片，倒心形；柱头4裂。蒴果具4条棱，长约2.5cm；种子有棱，在果内水平横展。花期6~9月。原产于北美洲；河北各地广泛栽培，常逸为野生。耐干旱，耐贫瘠。轻盐碱地、荒地、河滩地、山坡地均适合种植。栽培供观赏用；根可入药，具祛风湿、强筋骨的功效。见于北戴河国家湿地公园大潮坪和槐杨二支路。

## 小二仙草科 Haloragidaceae

### 狐尾藻属 Myriophyllum

**穗状狐尾藻 Myriophyllum spicatum L.**

**别名：** 穗花狐尾藻

多年生水生草本。根状茎发达，节部生根，茎红色。叶常5枚轮生，篦状羽裂，裂片约13对，细线形。穗状花序，雌雄同株；雄花生于花序上部，花瓣4片，匙形；雌花生于花序下部，无花瓣。果球形，有4条纵裂隙。花果期4～9月。产于河北迁西、张北、白洋淀、涉县等地。生于池塘或沟渠中。喜含钙的水域。全草入药，具清凉、解毒、止痢的功效；生长旺盛，可作为猪、鱼、鸭的饲料。见于北戴河国家湿地公园8号塘、9号塘。

## 山茱萸科 Cornaceae

### 梾木属 Swida

**红瑞木 Swida alba (L.) Opiz.**

落叶灌木。树皮暗红色，平滑，枝血红色。叶对生，卵形或椭圆形，全缘或边缘波状反卷，叶脉5～6对，在背面明显突起。聚伞花序，花小，白色或淡黄白色，花萼裂片4，花瓣4片，卵状椭圆形。核果斜卵圆形，成熟时乳白色或蓝白色。花期5～6月，果期7～8月。产于河北承德，各地多有栽培。生于杂木林或针阔混交林中。秋季叶鲜红，小果洁白，常栽培作为庭院观赏植物；种子含油量约30%，可供工业用；树皮、枝叶入药，具清热解毒、止痢、止血的功效。见于北戴河国家湿地公园1号楼和管理房附近栽培。

## 五加科 Araliaceae

### 鹅掌柴属 Schefflera

**鹅掌柴 Schefflera heptaphylla (L.) Frodin**

**别名：吉祥树**

常绿灌木。掌状复叶，小叶5～8枚，革质，长卵圆形，深绿色，有光泽。圆锥花序顶生，幼时密生星状短柔毛，花白色，花瓣5～6片，开花时反曲。果球形，黑色。花期11～12月，果期12月至翌年1月。原产于大洋洲；河北各地均盆栽。喜温暖、湿润、半阳的环境，稍耐瘠薄，以肥沃、疏松和排水良好的砂质壤土为宜。观赏植物；叶可入药，具祛风化湿、解毒、活血的功效。见于北戴河国家湿地公园5号楼附近盆栽。

## 伞形科 Umbelliferae

### 水芹属 Oenanthe

**水芹 Oenanthe javanica (Blume) DC.**

多年生草本。具匍匐根状茎。叶片三角形，1~3回羽状分裂，末回裂片卵形至菱状披针形，边缘具牙齿或圆齿状锯齿。复伞形花序，伞辐8~17，不等长，具小花10~20朵，花瓣白色，萼齿明显。双悬果椭圆形，果棱肥厚。花果期7~9月。河北各地均有分布或栽培。喜凉爽，忌炎热、干旱，喜土质松软、土层肥沃、富含有机质的黏质土壤。嫩茎及叶柄鲜嫩，清香爽口，可生拌或炒食。见于北戴河国家湿地公园湿地木栈道附近。

## 伞形科 Umbelliferae

### 蛇床属 Cnidium

**蛇床 Cnidium monnieri (L.) Cuss.**

一年生草本。叶卵形至三角状卵形，二至三回三出羽状全裂，末回裂片线形至线状披针形；基生叶花期早枯，茎下部叶具短柄。复伞形花序，伞辐10~22，小伞形花序具花15~25朵，花瓣白色，无萼齿。双悬果宽椭圆形，果棱具宽的木栓质翅。花期6~7月，果期7~8月。河北各地均有分布。生于田边、路旁、草地及河边湿地。果称"蛇床子"，可入药，具燥湿、杀虫止痒、壮阳的功效，治皮肤湿疹、阴道滴虫、肾虚阳痿等症；果含挥发油，可作为芳香原料。见于北戴河国家湿地公园10号楼附近水边。

## 报春花科 Primulaceae

### 珍珠菜属 Lysimachia

**金叶过路黄** *Lysimachia nummularia* L. cv. 'Aurea'

多年生蔓生草本。茎节较短，节间萌发生根，匍匐性强。单叶对生，卵圆形，基部心形，早春至秋季金黄色，冬季霜后略带暗红色。花单生，亮黄色，杯状。花期5~7月。原产于欧洲、美国东部等地；河北各地广泛栽培。喜光，耐阴，耐水湿，耐寒性强。叶色鲜艳丰富，且抗寒性强，为优良的彩色地被植物；民间常用草药，具清热解毒、利尿排石、散瘀消肿、利湿退黄的功效。见于北戴河国家湿地公园11号楼附近栽培。

## 报春花科 Primulaceae
### 珍珠菜属 *Lysimachia*

**黄连花 *Lysimachia davurica* Ledeb.**

多年生草本。具匍匐根状茎。叶对生或3~4枚轮生，披针形至长圆状披针形，先端锐尖，基部渐狭，两面有黑色腺点。圆锥花序顶生，花序轴、花梗密被短腺毛；花冠黄色，5深裂，裂片长圆形；花萼5深裂，裂片狭卵状三角形，边缘具黑色腺点及短腺毛。蒴果球形，5裂；种子红棕色。花期6~8月，果期8~9月。河北兴隆雾灵山有分布。生于草甸、灌丛、林缘及路旁。全草入药，具镇静、降压的功效。见于北戴河国家湿地公园5号楼附近。

## 白花丹科 Plumbaginaceae
### 补血草属 *Limonium*

**二色补血草 *Limonium bicolor* (Bunge) Kuntze**

多年生草本。叶基生，匙形或长倒卵形，基部窄狭成翅柄，近全缘。多个穗状花序组成圆锥花序，每小穗2~4朵小花；苞片具膜质边缘；花萼漏斗状，萼檐紫红色或粉红色，后变为白色；花冠黄色，花瓣5片，基部联合，顶端微凹。蒴果具5条棱。花果期5~10月。产于河北吴桥、秦皇岛、承德等地。生于沟谷、草地、林缘。花、茎具数回分枝，花量大，经久不落，具有较高的观赏价值；全草入药，具补血、散瘀、益脾、健胃的功效。见于北戴河国家湿地公园大潮坪。

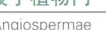

## 柿科 Ebenaceae

### 柿属 *Diospyros*

**君迁子 *Diospyros lotus* L.**

**别名：** 黑枣

落叶乔木。芽具柄，密被锈褐色盾状着生的腺体。叶椭圆形至长圆形，表面幼时密生柔毛，后变光滑。花单性，雌雄异株，簇生叶腋；花萼密生柔毛，4裂；花冠暗红色或绿白色；雌蕊由2～3个心皮合成。浆果球形，生时绿色至橙黄色，熟时蓝黑色，有白蜡层。花期6月，果期10～11月。河北各地广泛栽培。喜光，耐半阴，耐湿，喜肥沃深厚土壤，对二氧化硫抗性强。果生食或酿酒、制醋；种子入药，具消渴、去烦热的效能；未熟果可制作柿漆；木材可作为家具及房屋建筑等用材。见于北戴河国家湿地公园陈列馆路附近栽培。

## 木犀科 Oleaceae

### 梣属 Fraxinus

**白蜡树 Fraxinus chinensis Roxb.**

乔木。奇数羽状复叶，小叶5～9枚，常7枚，几无柄，椭圆形或椭圆状卵形，边缘具锯齿。圆锥花序侧生或顶生于当年生枝上，大而疏松；花单性，雌雄异株，花萼钟状，无花冠。翅果倒披针形。花期4月，果熟期10月。产于河北兴隆、遵化东陵、蔚县小五台山、安国，各地均有栽培。主要用于放养白蜡虫，生产白蜡；木材坚韧，可制作家具、农具等；树干通直，树形美观，常用作行道树。见于北戴河国家湿地公园湿地木栈道附近栽培。

## 木犀科 Oleaceae

### 梣属 Fraxinus

**湖北梣 Fraxinus hupehensis Ch'u et Shang et Su**

**别名：对节白蜡**

落叶乔木。树皮深灰色，营养枝常呈棘刺状。奇数羽状复叶，叶轴具狭翅，小叶7～9枚，革质，披针形至卵状披针形，边缘具锐锯齿，小叶着生处有关节。聚伞圆锥花序，花杂性，花萼钟状；雄蕊2枚；雌蕊具长花柱，柱头2裂。翅果匙形，先端急尖。花期2～3月，果期9月。我国特有种；河北各地常见盆栽。生于低山丘陵地。生长缓慢，树形优美，盘根错节，是园林、盆景、根雕家族中的极品，被誉为"盆景之王"；树干挺直，材质优良，是很好的材用树种。见于北戴河国家湿地公园新河北路附近。

## 木犀科 Oleaceae

### 连翘属 Forsythia

**连翘 *Forsythia suspensa* (Thunb.) Vahl.**

落叶灌木。枝直立或下垂，小枝稍四棱形，髓中空。单叶或羽状三出复叶，对生，叶卵形至长圆状卵形。花先叶开放，1朵至多朵腋生，黄色；花萼裂片长椭圆形，有睫毛，与花冠筒等长；花冠裂片4，倒卵状椭圆形。蒴果狭卵圆形，表面散生瘤点。花期3~4月，果期7~9月。产于河北青龙、井陉、沙河、武安、磁县等地。生于山坡灌丛、林下或草丛中。喜光，耐干旱、瘠薄，怕涝，在中性、微酸或碱性土上均能正常生长。常见栽培早春观赏植物；果入药，能清热解毒；种子榨油供制化妆品用等。见于北戴河国家湿地公园陈列馆路附近。

## 木犀科 Oleaceae

### 连翘属 Forsythia

**金钟花** *Forsythia viridissima* Lindl.

落叶灌木。枝条直立，小枝稍四棱形，髓呈薄片状。单叶对生，椭圆状长圆形至披针形，上半部具粗锯齿。花先叶开放，深黄色，1~3朵簇生于叶腋；花萼裂片4，有睫毛，约为花冠筒长的1/2；花冠裂片4，狭长圆形。蒴果卵球形。花期3~4月，果期7~9月。河北各地均有栽培。喜光，耐半阴，耐干旱，耐寒，忌湿涝。早春观赏植物；花可入药，能清热解毒。见于北戴河国家湿地公园15号楼附近。

## 木犀科 Oleaceae

### 丁香属 Syringa

**小叶巧玲花** *Syringa pubescens* Turcz. subsp. *microphylla* (Diels) M. C. Chang et X. L. Chen

**别名：**小叶丁香

小灌木。叶卵圆形至卵状椭圆形，长1~4cm，先端钝，有锐尖，具缘毛。圆锥花序侧生，花暗紫红色，萼有柔毛；花冠筒部细，具卵状披针形尖裂。果先端锐尖，稍弯，有瘤状突起。花期6~7月，果期8~9月。产于河北兴隆雾灵山。生于谷地、山坡、灌丛。对寒冷、干旱、土壤瘠薄都有比较强的耐受性，不耐湿热，怕涝。见于北戴河国家湿地公园1号楼附近。

## 木犀科 Oleaceae

### 丁香属 *Syringa*

**紫丁香** *Syringa oblata* Lindl.

灌木或小乔木。叶薄草质或厚纸质，卵圆形至肾形，先端渐尖，基部心形或截形至宽楔形。圆锥花序发自侧芽；花冠紫色，花冠管圆柱形，裂片呈直角开展，花冠位于花冠筒中部或中部以上。蒴果压扁状，先端尖。花期4~5月，果期8~9月。河北各地均有栽培。喜光，稍耐阴，有一定的耐寒性和较强的耐旱性，耐瘠薄，喜肥沃、排水良好的土壤。花芬芳袭人，为著名的观赏花木；叶入药，具清热燥湿的功效，民间多用于止泻。见于北戴河国家湿地公园9号楼附近栽培。

## 木犀科 Oleaceae

### 丁香属 *Syringa*

**白丁香** *Syringa oblata* Lindl. var. *affinis* (Henry) Lingelsh.

为紫丁香的变种，主要区别在于该变种叶较小，叶背面具细柔毛，边缘具微细毛；花白色，香气浓郁。花期4~5月，果期8~9月。喜光，稍耐阴，耐寒，耐干旱，喜排水良好的深厚肥沃土壤。用途同紫丁香。见于北戴河国家湿地公园9号楼。

## 木犀科 Oleaceae
### 女贞属 Ligustrum

**水蜡树 Ligustrum obtusifolium Sieb. et Zucc.**

落叶灌木。叶椭圆形至长圆状倒卵形，先端急尖或钝，基部楔形。圆锥花序常下垂，长2.5~4cm，有短柄；花冠筒比裂片长2~3倍，花药和花冠裂片近等长。核果宽椭圆形，黑色。花期5~6月，果期8~10月。河北各地均有栽培。喜光，稍耐阴，较耐寒，喜肥沃湿润的土壤。能抗多种有毒气体，是园林绿化中常用的优良抗污染树种；耐修剪、易整形，用作行道树。见于北戴河国家湿地公园9号楼和12号楼附近栽培。

## 马钱科 Loganiaceae
### 灰莉属 Fagraea

**灰莉 Fagraea ceilanica Thunb.**

**别名：** 非洲茉莉

常绿（攀援）灌木或小乔木。叶厚革质，长圆形、椭圆形至倒卵形，顶端渐尖，表面深绿色，背面黄绿色。花单生或顶生，二歧聚伞花序，花冠白色，漏斗状，芳香。浆果近圆球状，顶端有尖喙，基部有宿萼；种子肾形，藏于果肉中。花期4~8月，果期7月至翌年3月。河北各地广泛盆栽。喜温暖、通风良好的环境，不耐寒冷、干冻及气温剧烈下降。株形丰硕，叶片碧绿青翠，是良好的室内观叶植物。见于北戴河国家湿地公园11号楼附近。

## 马钱科 Loganiaceae

### 醉鱼草属 *Buddleja*

**大叶醉鱼草 *Buddleja davidii* Franch.**

灌木。小枝四棱形，全株密被灰白色星状短绒毛。叶对生，膜质至薄纸质，狭卵形、狭椭圆形至卵状披针形，边缘具细锯齿。总状或圆锥状聚伞花序顶生，花冠淡紫色，喉部橙黄色，芳香。蒴果2瓣裂，基部有宿存花萼；种子两端具尖翅。花期5~10月，果期9~12月。河北各地公园和庭院多有栽培。全株入药，具祛风散寒、止咳、消积止痛的功效；花可提制芳香油；枝条柔软多姿，花美丽、芳香，是优良的庭园观赏植物。

## 龙胆科 Gentianaceae

### 獐牙菜属 Swertia

**北方獐牙菜 Swertia diluta (Turcz.) Benth. et J. D. Hooker**

别名：淡味獐牙菜

一年生草本。茎多分枝，近四棱形，棱上通常具狭翅。叶对生，线状披针形或披针形，全缘，无柄。聚伞花序顶生或腋生，具少数花；萼片5片，窄线形；花冠淡紫白色，辐状，裂片窄卵形；花药蓝色。蒴果淡棕褐色，具横皱纹；种子近球形，表面细网状。花期8月，果期9月。产于河北张北、涿鹿、涞源、易县、赞皇。生于山坡、林缘、草甸。见于北戴河国家湿地公园湿地木栈道附近。

## 夹竹桃科 Apocynaceae

### 罗布麻属 Apocynum

**罗布麻 Apocynum venetum L.**

多年生草本。茎具白色乳汁，枝光滑无毛，紫红色。单叶对生，先端急尖至钝，具短尖头，叶缘具稀小细齿。圆锥状聚伞花序，花小，紫红色或粉红色；花冠筒状钟形，两面密被颗粒状突起。蓇葖果长角形，下垂，熟时黄褐色；种子褐色，顶端簇生伞状白色绒毛。花期6~7月，果期8月。产于河北遵化、昌黎。生于盐碱荒地。茎皮纤维为高级衣料、鱼网线、皮革线、高级用纸原料；嫩叶蒸炒揉制后可当茶饮用，有清凉、降压和强心的功能；根含生物碱，药用；花蜜腺发达，为良好的蜜源植物。见于北戴河国家湿地公园湿地木栈道附近。

## 萝藦科 Asclepiadaceae

### 杠柳属 *Periploca*

#### 杠柳 *Periploca sepium* Bunge

木质藤本，具白色乳汁。叶披针形或卵状披针形，基部楔形，全缘，叶面有光泽。聚伞花序腋生，有花1～5朵；花萼裂片卵圆形，边缘膜质，内面基部有10个小腺体；花冠辐状，5裂，先端钝而外折，淡紫色，中央梭状加厚，密生毡毛。蓇葖果2，具有纵条纹；种子长圆形，暗褐色，顶端具白色长绢毛。花期5～6月，果期7～9月。河北各地均有分布。生于平原、低山丘陵、林缘、道边或荒坡灌丛中。根皮、茎皮入药，具强筋骨、祛风湿的功效，但有一定毒性。见于北戴河国家湿地公园2号门南侧。

## 萝藦科 Asclepiadaceae
### 鹅绒藤属 Cynanchum

**鹅绒藤 Cynanchum chinense R. Br.**

多年生缠绕草本。全株被短柔毛。叶对生，薄纸质，宽三角状心形，基部心形。伞状聚伞花序腋生；花冠白色，辐状，5深裂，副花冠杯状，外轮5浅裂，裂片间具5个丝状体。蓇葖果圆柱形，顶端具白绢质种毛。产于河北小五台山、永年、昌黎、涿鹿、涉县等地。生于向阳山坡、灌丛、路边、河畔。全草入药，可制作祛风剂。见于北戴河国家湿地公园科研中心附近。

## 萝藦科 Asclepiadaceae
### 萝藦属 Metaplexis

**萝藦 Metaplexis japonica (Thunb.) Makino**

多年生草质缠绕藤本，有乳汁。单叶对生，卵状心形，膜质。总状聚伞花序，花冠白色，有淡紫红色斑纹，近辐状，5裂。蓇葖果双生，纺锤形；种子具白色绢质种毛。花期7~8月，果期9~11月。产于河北青龙、北戴河、井陉等地。生于林边荒地、山脚、河边、路旁灌木丛中。种子及茎叶可制作强壮药，根治跌打损伤，种子绒毛可止血；茎皮纤维坚韧，可造人造棉。见于北戴河国家湿地公园9号楼南侧。

## 茜草科 Rubiaceae

### 茜草属 *Rubia*

**茜草 *Rubia cordifolia* L.**

多年生攀援草本。茎四棱形，蔓生，多分枝，茎棱、叶齿、叶缘和叶背中脉都生有倒刺。叶常4枚轮生，长卵形至卵状披针形。聚伞花序圆锥状，花冠淡黄白色，辐状，5裂。果实肉质，双头形，成熟时红色。花期7~8月，果期9~10月。产于河北北戴河、赤城、石家庄等地。生于林缘、灌丛、路旁、荒地、田埂。根可制作红色染料，又可入药，具通经活血、化瘀生新的功效。见于北戴河国家湿地公园陈列馆路附近。

## 旋花科 Convolvulaceae

### 番薯属 *Ipomoea*

**圆叶牵牛 *Ipomoea purpurea* (L.) Roth**

一年生缠绕草本。叶全缘，两面疏或密被刚伏毛。花腋生，单生或2~5朵着生于花序梗顶端形成伞形聚伞花序；苞片线形，被开展的长硬毛；花冠漏斗状，紫红色、红色或白色，花冠管通常白色。蒴果近球形，3瓣裂；种子三棱状卵形。花期6~9月，果期9~10月。原产于南美洲；河北各地广泛分布。生于田边、路旁、平地、山谷和林内。公园或庭院栽培供观赏；种子入药，具泻下、利尿、驱虫的功效。见于北戴河国家湿地公园9号楼南侧。

## 旋花科 Convolvulaceae
### 番薯属 Ipomoea

**裂叶牵牛 Ipomoea hederacea (L.) Jacq**

一年生草本。植物体具刺毛，茎缠绕。叶心状卵形，常3裂，裂片达中部或超过中部，基部向中脉凹入。花序有花1~3朵；苞片2片，披针形；萼片5片，宽披针形，先端向外反曲；花冠天蓝色或淡紫色，漏斗状，筒部白色。蒴果球形；种子三棱形。花期6~9月，果期8~10月。原产于美洲；河北各地野生或栽培。生于山坡灌丛、路边、园边、宅旁、山地路边。花供观赏；种子入药，能泻水下气、消肿杀虫。见于北戴河国家湿地公园科研中心附近。

## 旋花科 Convolvulaceae
### 旋花属 Convolvulus

**田旋花 Convolvulus arvensis L.**

一年生草本。根状茎横走，茎平卧或缠绕，具条纹和棱。叶卵状长圆形至披针形，叶基多为戟形，全缘或3裂。花常单生于叶腋；苞片2片，线形，远离萼片；萼片5片，被毛，不等长；花冠漏斗状，粉红色或白色，5浅裂。蒴果卵状球形；种子黑色或暗褐色。花期6~8月，果期7~9月。河北各地广泛分布。生于耕地、荒坡草地、村边路旁。低等饲用植物，羊、骆驼、牛、马在其枯黄后采食；全草入药，具祛风止痒、止痛的功效。见于北戴河国家湿地公园陈列馆路。

## 旋花科 Convolvulaceae
### 打碗花属 Calystegia

**打碗花 Calystegia hederacea Wall.**

一年生缠绕或平卧草本。叶三角状卵形、戟形或箭形，常3裂，侧裂片近三角形，中裂片长圆状披针形，叶基微心形，全缘。花单生于叶腋，花梗长于叶柄；苞片2片，宽卵形；花冠漏斗状，淡粉红色或淡紫色；花丝基部被小鳞毛。蒴果卵圆形；种子黑褐色，表面具小疣。花期7~9月，果期8~10月。河北各地广泛分布。生于荒地、田间、路旁，为常见杂草。根状茎入药，具健脾益气、利尿、调经、止带的功效；花外用可治牙痛。见于北戴河国家湿地公园陈列馆路。

## 旋花科 Convolvulaceae
### 打碗花属 Calystegia

**肾叶打碗花 Calystegia soldanella (L.) R. Br.**

多年生草本。茎平卧，具细棱或狭翅。叶肾形，质厚，顶端圆或凹，具小短尖头。花单生于叶腋，花梗长于叶柄，具细棱；苞片宽卵形，比萼片短；萼片5片，近等长；花冠钟状，淡红色，冠檐微裂。蒴果卵圆形；种子黑色，表面光滑。花期6~8月，果期8~9月。产于河北迁西、吴桥、北戴河等地。生于海滨沙地或海岸岩石缝中。茎秆脆嫩，纤维素含量少，家畜喜食，为中等牧草。见于北戴河国家湿地公园陈列馆路附近。

## 旋花科 Convolvulaceae

### 打碗花属 Calystegia

**欧旋花 Calystegia sepium (L.) R.Br.**
别名：宽叶打碗花，旋花

多年生草本。茎缠绕或平卧，具细棱。叶三角状卵形或宽卵形，基部心形、箭形或戟形，两侧浅裂或全缘。花单生于叶腋，花梗长于叶柄；苞片2片，宽卵形；萼片5片，卵圆状披针形；花冠漏斗状，通常白色，有时淡红色或紫色。蒴果近球形；种子黑褐色，表面具小疣。花期6～8月，果期8～9月。产于河北蔚县、迁西等地。生于路旁、农田或山坡林缘。根可入药，能清热利湿、理气健脾。见于北戴河国家湿地公园新河北路附近。

## 紫草科 Boraginaceae

### 斑种草属 Bothriospermum

**多苞斑种草 Bothriospermum secundum Maxim.**

一年生草本。茎密被粗硬毛。基生叶具柄，倒卵状长圆形；茎生叶长圆形或卵状披针形，无柄，两面被基部具基盘的硬毛。总状花序顶生，花常偏生于花轴一侧；花萼5深裂，裂片披针形，被疏硬毛；花冠淡蓝紫色，喉部有附属物5。小坚果肾形，背部密生小瘤状突起。花期5～8月。产于河北迁西、昌黎、赤城、蔚县小五台山、武安等地。生于山坡、道旁、河床、路边、山坡林缘、山谷溪边阴湿处等。见于北戴河国家湿地公园果园路。

## 紫草科 Boraginaceae

### 附地菜属 Trigonotis

**附地菜** *Trigonotis peduncularis* (Trir.) Benth. ex Baker et S. Moore

一年生草本。基生叶常有长柄，茎下部叶有柄，上部叶无柄；叶匙形或椭圆卵形，两面均具平伏粗毛。总状花序顶生，不断伸长；花少数，常无叶状苞；花萼5深裂，裂片披针形；花蓝色，裂片钝头，喉部显黄色。小坚果4，呈四面体形，有锐棱。花期4~5月，果期6~8月。河北各地均有分布。生于丘陵草地、平原、田间、林缘或荒地。全草为民间草药，具清热、消炎、止痛的功效。见于北戴河国家湿地公园科研中心附近。

## 马鞭草科 Verbenaceae

### 假马鞭属 Stachytarpheta

**假马鞭** *Stachytarpheta jamaicensis* (L.) Vahl.

多年生草本。叶对生，被糙伏毛，纸质，卵形或三角状卵形，边缘具锯齿。花萼钟状，萼片边缘有毛，具10条脉；花冠淡紫蓝色或紫红色；花盘环状；花药肾形；花柱顶端2裂，裂片钻形。小坚果倒卵形，橄榄色，背面具网纹。花期4~5月，果期5~6月。河北各地多有栽培。公园或庭院成片栽培供观赏；全草入药，具活血通经的功效。见于北戴河国家湿地公园花甸。

## 马鞭草科 Verbenaceae

### 马鞭草属 *Verbena*

**柳叶马鞭草** *Verbena bonariensis* L.

多年生草本。株高 1~1.5m，茎四棱形，全株有纤毛。叶暗绿色，披针形，十字交互对生，边缘有缺刻。聚伞花序顶生，花冠筒状，紫红色或淡紫色。花期 5~8 月，果期 9~10 月。原产于南美洲；河北各地均有栽培。喜温暖湿润气候，不耐寒。常用于疏林下、植物园、公园的景观布置。见于北戴河国家湿地公园槐杨西路（花甸）大面积栽培。

## 马鞭草科 Verbenaceae

### 紫珠属 Callicarpa

**白棠子树 Callicarpa dichotoma (Lour.) K. Koch**
别名：紫珠

落叶灌木。多分枝，小枝灰中带紫。叶倒卵形或披针形，顶端急尖或尾尖，密生细小黄色腺点。聚伞花序生叶腋上方，2~3次分枝，苞片线形，花萼杯状，花冠紫色；子房有黄色腺点。果球形，紫色。花期6~7月，果期8~11月。河北各地均有栽培。喜温湿，怕风，怕旱，在阴凉的环境下生长较好。株形秀丽，果色彩鲜艳，珠圆玉润，常用于园林绿化或庭院栽种；全株入药，具活血通经、祛风除湿、收敛止血的功效；叶可提取芳香油。见于北戴河国家湿地公园新河北路。

## 马鞭草科 Verbenaceae

### 大青属 Clerodendrum

**臭牡丹 Clerodendrum bungei Stend.**

落叶灌木。植株有臭味，皮孔显著，枝内白色髓坚实。叶宽卵形或卵形，边缘具大或小的锯齿，叶背散生腺点。伞房状聚伞花序顶生，紧密；苞片叶状，披针形或卵状披针形；花萼钟状，紫红色或下部绿色；花冠淡红色、红色或紫红色。核果近球形，成熟时蓝紫色。花果期5~11月。河北各地均有栽培。适应性强，耐寒，耐干旱，也较耐阴，宜在肥沃、疏松的腐叶土中生长。叶色浓绿，花朵优美，花期长，是优良的园林观赏花卉；根、茎、叶入药，具祛风解毒、消肿止痛的功效。见于北戴河国家湿地公园12号楼附近栽培。

## 马鞭草科 Verbenaceae

### 莸属 Caryopteris

**兰香草** *Caryopteris incana* (Thunb. ex Hout.) Miq.

**别名：宝塔花**

灌木。叶对生，具短柄，卵形或卵状矩圆形，先端钝，基部浑圆，边缘具粗锯齿，两面密被灰色短柔毛。聚伞花序紧密，腋生或顶生；花萼钟状，外面密生短柔毛；花冠蓝紫色，冠檐二唇形，喉部有毛，边缘流苏状。蒴果倒卵状球形，被粗毛，果瓣具宽翅。花期6~8月，果期8~10月。河北各地均有栽培。常盆栽或庭院阴地栽植供观赏；全草入药，具疏风解表、祛痰止咳、散瘀止痛的功效。见于北戴河国家湿地公园花甸。

## 唇形科 Labiatae
### 黄芩属 Scutellaria

**黄芩 Scutellaria baicalensis Georgi**

多年生草本。叶坚纸质，披针形至线状披针形，全缘，背面密被下陷的腺点。总状花序顶生；花萼盾片高 1.5mm，果时 4mm；花冠紫色、紫红色至蓝色，外面密被具腺短柔毛，冠檐二唇形。小坚果卵球形。花期 7~8 月，果期 8~9 月。生于山坡、林缘、路旁或栽培。喜温暖，耐严寒，耐干旱，怕涝，以中性和微碱性砂质壤土为宜，忌连作。见于北戴河国家湿地公园槐杨东路。

## 唇形科 Labiatae
### 夏至草属 Lagopsis

**夏至草 Lagopsis supina (Steph. ex Willd.) IK-Gal. ex Knorr.**

多年生草本。茎四棱形，具沟槽。叶圆形或肾状卵圆形，基部心形，3 深裂，裂片具圆齿，掌状 3~5 出脉。轮伞花序，花萼管状钟形，花冠白色，冠檐二唇形。小坚果长卵形，有鳞粃。花期 3~4 月，果期 5~6 月。河北各地均有分布。生于路旁、荒地、旷地。全草入药，能活血调经。见于北戴河国家湿地公园陈列馆路附近。

## 唇形科 Labiatae

### 藿香属 Agastache

**藿香 Agastache rugosa (Fisch. et C. Meyer) Kuntze**

多年生草本。茎四棱形。叶心状卵形至长圆状披针形，纸质，先端尾状渐尖，基部心形，边缘具粗齿。轮伞花序多花，组成顶生密集的圆筒形穗状花序；苞片披针状线形；花萼管状倒圆锥形，有黄色腺体；花冠淡紫蓝色，唇形。成熟小坚果矩圆形，顶端有短硬毛。花期6～9月，果期9～11月。产于河北青龙、蔚县、迁西等地，广泛栽培。生于林缘、灌草丛、荒地、河滩。全草入药，具健胃、止呕、止泻的功效；果和叶可提取芳香油。见于北戴河国家湿地公园15号楼附近。

## 唇形科 Labiatae

### 荆芥属 Nepeta

**六座大山荆芥 Nepeta × faassenii Bergmans ex Stearn cv. 'Six Hills Giant'**

多年生草本。叶卵形，脉密，下凹，边缘具圆形齿缺。茎上部6个茎节各生2个二歧聚伞花序，形如"六座大山"；花萼管状，具10条脉，萼齿5个；花冠蓝紫色或白色，喉部有紫色斑点，冠檐二唇形，上唇2裂，下唇3裂。小坚果三棱形，褐色。花期6～9月，果期9～11月。河北各地多有栽培。喜光，耐高温，耐寒，忌连作。常栽培供观赏；富含芳香油，可达3%，用于制作化妆品、香料；全草入药，能镇痰、祛风、凉血。见于北戴河国家湿地公园南门附近。

## 唇形科 Labiatae

### 活血丹属 Glechoma

**活血丹 Glechoma longituba (Nakai) Kupr.**
别名：连钱草

多年生草本。茎匍匐，逐节生根。叶心形或近肾形，先端急尖或钝三角形，基部心形，边缘具圆齿。轮伞花序少花；苞片刺芒状；花萼筒形；花冠淡蓝色至紫色，下唇有深色斑点。成熟小坚果深褐色，腹面有钝棱。花期4～5月，果期5～6月。产于河北承德、迁西、怀来等地，各公园多有栽培。生于林缘、疏林下、草地中、溪边阴湿处。常用作地被植物供观赏；全草入药，有利湿通淋、清热解毒、散瘀消肿的功效。见于北戴河国家湿地公园9号楼附近。

## 唇形科 Labiatae

### 益母草属 Leonurus

**益母草 Leonurus japonicas Hout.**

一年或二年生草本。茎直立，钝四棱形，有倒向糙伏毛。叶掌状3裂，裂片长圆状菱形至卵圆形。轮伞花序腋生，具8～15朵花；小苞片刺状；花萼管状钟形；花冠粉红至淡紫红色，冠檐二唇形。小坚果。花期6～9月，果期9～10月。河北各地均有分布。生于荒地、路旁、田埂、山坡草地。喜温暖湿润气候，喜光，需要充足水分，但不宜积水。全草入药，多用于妇科病；种子名茺蔚子，能利尿，治眼疾。见于北戴河国家湿地公园9号楼南侧。

## 唇形科 Labiatae
### 益母草属 Leonurus

**细叶益母草 Leonurus sibiricus L.**

一年或二年生直立草本。茎具短而贴生的糙伏毛。叶掌状3全裂，裂片呈狭长圆状菱形。轮伞花序近圆形，下有刺状苞片；花萼筒状钟形，5齿；花冠粉红色至紫红色，花冠筒内有毛环，冠檐二唇形。小坚果矩圆状三棱形。花期7～9月，果期9～10月。河北各地均有分布。生于田埂、荒地、石质及砂质草地上。用途同益母草。见于北戴河国家湿地公园新河北路。

## 唇形科 Labiatae
### 水苏属 Stachys

**水苏 Stachys japonica Miq.**

多年生草本。茎四棱形，棱和节上微有小刚毛。叶长圆状披针形，先端微急尖，基部圆形至微心形，边缘具圆齿状锯齿。轮伞花序；花萼钟状，5齿，先端具刺尖头；唇形花冠，粉红色或淡红紫色，下唇喉部有鳞片状微柔毛。小坚果卵圆形，棕褐色。花期5～7月，果期7～10月。产于河北唐海。生于河岸等湿地上。全草或根入药，治百日咳、扁桃体炎、咽喉炎、痢疾等，根可治带状疱疹。见于北戴河国家湿地公园2号门南侧。

## 唇形科 Labiatae
### 薄荷属 Mentha
**薄荷 Mentha canadensis L.**

多年生草本。茎锐四棱形，具四槽。叶对生，长圆状披针形、椭圆形或卵状披针形，边缘疏生粗大的牙齿状锯齿，侧脉5～6对。轮伞花序腋生；花萼管状钟形，萼齿5个；花冠淡紫色，冠檐4裂。小坚果卵圆形，具小腺窝。花期7～9月，果期10月。河北各地均有分布。生于沟谷、湿地、河旁、湿润草地。全草入药，具发汗、解热、祛风、健胃的功效；可提取薄荷油、薄荷脑，供药用或食用。见于北戴河国家湿地公园南门附近栽培。

## 唇形科 Labiatae
### 假龙头花属 Physostegia
**假龙头花 Physostegia virginiana (L.) Benth.**

**别名：随意草，芝麻花**

多年生宿根草本。茎四棱形，具匍匐根状茎。单叶对生，长椭圆形至披针形，亮绿色，边缘具锯齿。穗状花序聚成圆锥状，顶生，花序自下端往上逐渐绽开，小花密集；唇形花冠，唇瓣短，粉红色。坚果。花期6～9月，果期8～10月。原产于北美洲；河北各地多有栽培。喜温暖、阳光和疏松肥沃、排水良好的砂质壤土，较耐寒，能耐轻霜冻。盆栽或种植在花坛、花境之中供观赏。见于北戴河国家湿地公园1号楼附近。

## 唇形科 Labiatae

### 鼠尾草属 *Salvia*

**荔枝草 *Salvia plebeia* R. Br.**

**别名：** 雪见草

一年或二年生草本。叶对生，长圆形或披针形，边缘具圆锯齿，表面有金黄色腺点。轮伞花序，具2~6朵花，在茎和枝顶密集组成总状花序或总状圆锥花序；花萼钟状，散布黄褐色腺点；花冠淡蓝紫色，花冠筒内面中部有毛环，冠檐二唇形。小坚果倒卵圆形，光滑。花期4~5月，果期6~7月。产于河北唐山、保定、沧州等地。生于山坡、路旁、沟边。全草入药，具清热解毒、利尿消肿、凉血止血的功效。见于北戴河国家湿地公园科研中心附近。

## 唇形科 Labiatae

### 鼠尾草属 *Salvia*

**蓝花鼠尾草 *Salvia farinacea* Benth.**

**别名：** 一串蓝

多年生草本。叶有柄，下部叶卵状披针形至长圆形，边缘具不规则的粗锯齿，上部叶披针形，全缘或具锯齿。轮伞花序多花，形成顶生总状花序；花萼钟状，具9条脉，3浅裂；花冠青蓝色，冠檐二唇形，下唇较上唇长，3裂，具白斑。花期6~7月，果期7~10月。原产于美国；河北各地偶见栽培。喜温暖、湿润和阳光充足的环境，耐寒性强，怕炎热、干燥。盆栽供观赏或用于花坛、花境和园林景点布置。见于北戴河国家湿地公园2号门附近。

## 唇形科 Labiatae

### 鼠尾草属 Salvia

**超级鼠尾草 Salvia × superba Stapf.**

**别名：布劳阁林下鼠尾草**

为鼠尾草属杂交品种。多年生宿根草本。植株丛生，全株被毛，茎基部略木质化。叶对生，长椭圆形或卵形，先端渐尖，叶表面网状脉下陷，叶缘具粗齿，揉搓后有香味。总状花序直立顶生，花冠唇形，玫瑰红色或蓝紫色，有香气，花瓣上无醒目的白斑。种子近球形，种皮黑色。花期5~8月，果期9~10月。河北各地公园多有栽培。用于花坛、花境布置或盆栽供观赏。见于北戴河国家湿地公园2号门附近和花甸。

## 茄科 Solanaceae

### 枸杞属 Lycium

**枸杞 Lycium chinense Mill.**

灌木。枝条有纵条纹，具刺。叶长椭圆形或卵状披针形，纸质，单叶互生或2~4枚簇生，顶端急尖，基部楔形。花在长枝上单生或双生，在短枝上簇生；花冠漏斗状，淡紫色，裂片边缘有毛。浆果红色，卵状；种子扁肾形。花果期6~10月。河北各地野生或栽培。生于山坡、荒地、丘陵地、盐碱地、路旁。喜冷凉气候，耐寒性很强，多生长在碱性土和砂质壤土上。果入药，具滋肝补肾、益精明目的功效。见于北戴河国家湿地公园科研中心附近。

## 茄科 Solanaceae

### 曼陀罗属 Datura

**曼陀罗** *Datura stramonium* L.

草本或半灌木状。茎粗壮,下部木质化。叶广卵形,顶端渐尖,边缘具不规则的波状浅裂。花单生于枝杈间或叶腋,有短梗;花萼筒状,筒部有5个棱角;花冠漏斗状,下半部带绿色,上部白色、紫色或淡紫色。蒴果直立,表面生有坚硬针刺。花期6~10月,果期7~11月。产于河北兴隆、秦皇岛、宣化、蓟县、保定、沧州、阜城、武安等地。生于田间、沟旁、道边、河岸、山坡。喜温暖、向阳及排水良好的砂质壤土。全株有毒;花入药,具麻醉等功效。见于北戴河国家湿地公园新河北路附近。

## 茄科 Solanaceae
### 茄属 Solanum

**茄子 Solanum melongena L.**

草本至亚灌木。全株被星状毛。叶互生，卵圆形至长圆状卵形，有长柄，边缘波状。能孕花单生，不孕花蝎尾状与能孕花并出；花萼近钟状；花冠辐状开展，蓝紫色。浆果大，白绿色或暗紫色，有5裂的宿存花萼，外面被粗刺毛。花期6~8月，果期8~9月。河北各地均有栽培。喜高温，适宜在富含有机质、保水保肥能力强的土壤上栽培。果可食，为重要的蔬菜，生食可解食菌中毒；茎、叶入药，具利尿、消肿和麻醉的功效。见于北戴河国家湿地公园管理房附近栽培。

## 茄科 Solanaceae
### 茄属 Solanum

**龙葵 Solanum nigrum L.**

一年生草本。叶卵形，先端渐尖，基部广楔形，下延至叶柄。蝎尾状花序；花萼浅杯状，5裂；花冠白色，5深裂，裂片轮状伸展。浆果球形，熟时黑色。花期6~9月。果期8~10月。河北各地均有分布。生于田边、路边、荒地及村舍附近。浆果可食用；叶含有大量生物碱，煮熟后方可食用；全株入药，具散瘀消肿、清热解毒的功效。见于北戴河国家湿地公园管理房附近。

## 茄科 Solanaceae
### 辣椒属 *Capsicum*

**朝天椒 *Capsicum annuum* L. var. *conoides* (Mill.) Irish**

一年生栽培植物。叶互生，通常卵状披针形，有长柄。花单生，花萼杯状，花冠白色。果实圆锥状，果实及果梗均直立，初为绿色，成熟后为红色或紫色，味极辣；种子扁肾形。花果期5~8月。原产于泰国；河北各地均有栽培。常盆栽供观赏；果作为蔬菜及调味品；全草入药，能祛风散寒、舒筋活络，并具杀虫、止痒的功效。见于北戴河国家湿地公园二十八间房附近。

## 茄科 Solanaceae
### 碧冬茄属 *Petunia*

**碧冬茄 *Petunia hybrida* (J. D. Hooker) Vilm.**
**别名：矮牵牛**

一年生草本。全株生腺毛。叶卵形，近无柄，侧脉不显著，每边5~7条。花单生于叶腋，花梗长3~5cm；花萼5深裂，裂片条形，果时宿存；花冠白色、粉红色、紫堇色，漏斗状，5浅裂。蒴果圆锥状，2瓣裂。花期7~9月，果期8~10月。河北各地公园和庭院均有栽培。长日照植物，生长期要求阳光充足，适宜在疏松肥沃和排水良好的沙壤土上生长。常用于布置花坛、花境或盆栽供观赏。见于北戴河国家湿地公园9号楼附近。

## 玄参科 Scrophulariaceae
### 地黄属 Rehmannia

**地黄** *Rehmannia glutinosa* (Gaetn.) Libosch. ex Fisch. et C. A. Mey.

多年生草本。根状茎肉质、肥厚。全株密被灰白色长柔毛和腺毛。叶倒卵形至长椭圆形，在茎基部集成莲座状，在茎上互生，向上缩小成苞片状。总状花序顶生；花萼钟状，萼齿5个；花冠筒状且弯曲，紫红色，裂片5。蒴果卵球形；种子黑褐色，表面有蜂窝状膜质网眼。花期4~6月。河北各地均有分布。生于山坡、墙边、路旁、草丛等处。根可入药，生地黄能清热、生津、润燥、凉血、止血，熟地黄能滋阴补肾、补血调经。见于北戴河国家湿地公园2号房附近。

## 玄参科 Scrophulariaceae
### 通泉草属 Mazus

**通泉草** *Mazus pumilus* (N. L. Burman) Steenis

一年生草本。基生叶倒卵状匙形至卵状倒披针形，膜质至薄纸质，基部下延成带翅的叶柄，边缘具不规则的粗齿；茎生叶对生或互生。总状花序；花萼钟状，裂片卵形；花冠淡紫色或蓝色，冠檐二唇形。蒴果球形；种子黄色。花期4~5月，果期6~9月。产于河北固安、平山、井陉、大名、灵寿、沙河、武安等地。生于湿润草坡、沟边、路旁及林缘。全草入药，具解毒、健胃、止痛的功效，外用于疗疮、脓疱疮、烫伤。见于北戴河国家湿地公园5号楼附近。

## 玄参科 Scrophulariaceae

### 婆婆纳属 Veronica

**穗花婆婆纳 Veronica spicata L.**

多年生草本。叶对生，茎基部常密集聚生，有长柄，长矩圆形；中部叶椭圆形至披针形；上部叶小，边缘具圆齿或锯齿。长穗状花序，花冠紫色或蓝色，雄蕊略伸出。果球状矩圆形，被多细胞长腺毛。花期7～9月，果期9～10月。河北各地多有栽培。喜光，耐半阴，在各种土壤上均能生长良好，忌冬季土壤湿涝。株形紧凑，花枝优美，是布置花坛的优良材料，亦为良好的切花材料。见于北戴河国家湿地公园花甸。

## 紫葳科 Bignoniaceae

### 菜豆树属 Radermachera

**菜豆树 Radermachera sinica (Hance) Hemsl.**

**别名**：幸福树

小乔木。二回羽状复叶，小叶卵形至卵状披针形，全缘，侧生小叶近基部一侧具盘菌状腺体。顶生圆锥花序；萼齿5个，卵状披针形；花冠钟状漏斗形，白色至淡黄色，裂片5，具皱纹。蒴果下垂，多沟纹，果皮薄革质。花期5～9月，果期10～12月。河北各地多有栽培。喜高温、高湿、阳光充足的环境，畏寒冷，忌干燥。根、叶、果可入药，能凉血消肿；木材可作为房屋建筑用材。见于北戴河国家湿地公园9号楼附近盆栽。

## 狸藻科 Lentibulariaceae

### 狸藻属 Utricularia

**狸藻** *Utricularia vulgaris* L.

多年生食虫草本。全株柔软，茎多分枝。叶互生，二回羽状分裂，裂片丝状，捕虫囊生于小裂片基部，有短柄，卵形。花冠唇形，黄色，上唇短，宽卵形，下唇较长，顶端3浅裂。蒴果球形，包于宿存花萼内；种子六角柱形。花果期7~10月。产于河北抚宁、唐海、北戴河、白洋淀等地。生于湖泊、池塘、沼泽及水田中。可捕食并消化水中微生物。见于北戴河国家湿地公园11号楼附近水体中。

## 车前科 Plantaginaceae

### 车前属 Plantago

**平车前** *Plantago depressa* Willd.

多年生草本。主根圆锥状，不分枝或根下部稍有分枝。叶纸质，基生，椭圆形、椭圆状披针形或卵状披针形，叶柄基部扩大呈鞘状。花葶数个，穗状花序，花冠筒状，顶部4裂，淡绿色。蒴果圆锥状，膜质。花期6~7月，果期7~9月。河北各地广泛分布。生于草地、河滩、沟

边、草甸及路旁。全草和种子入药，具利尿、清热、明目、祛痰的功效；嫩叶可食用；种子可精制工业机械油。见于北戴河国家湿地公园5号楼附近。

## 车前科 Plantaginaceae

### 车前属 *Plantago*

#### 大车前 *Plantago major* L.

多年生草本。根状茎短粗，具须根。叶基生，呈莲座状，草质、薄纸质或纸质，宽卵形至宽椭圆形，叶柄明显长于叶片。穗状花序，花密生；苞片较萼裂片短，均有绿色龙骨状突起；花冠白色，无毛，花后反折。蒴果。花期6~8月，果期7~9月。产于河北小五台山、沧州、武强等地。生于路边、沟旁、田埂和潮湿处。全草和种子入药，具清热利尿、祛痰、凉血、解毒的功效；嫩叶可食用。见于北戴河国家湿地公园5号楼附近。

## 车前科 Plantaginaceae

### 车前属 *Plantago*

#### 车前 *Plantago asiatica* L.

多年生草本。主根短缩肥厚，密生须状根。叶基生，纸质，宽卵形至宽椭圆形，表面平滑，边缘波状，间有不明显钝齿，主脉5条。穗状花序细圆柱状；苞片狭卵状三角形；萼片先端钝圆或尖，龙骨突不延至顶端；花冠白色，无毛，冠筒与萼片等长。蒴果。花期6~8月，果期7~9月。河北各地均有分布。生于路边、沟旁、河滩及潮湿地带。果实入药，具清热利尿、祛痰、凉血、解毒的功效。见于北戴河国家湿地公园科研中心附近。

## 忍冬科 Caprifoliaceae

### 锦带花属 Weigela

**红王子锦带** *Weigela florida* (Bunge) A. DC. cv. 'Red Prince'

落叶灌木。叶对生，椭圆形至卵状长圆形或倒卵形，先端渐尖或骤尖，基部楔形，边缘具浅锯齿。聚伞花序，具1~4朵花；花冠胭脂红色，5裂，漏斗状钟形，花冠筒中部以下变细。蒴果圆柱形，具短柄状喙，2瓣室间开裂。花期5~6月，果期8~9月。河北各地多有栽培。阳性树种，耐庇荫，抗性强，耐寒，喜深厚、湿润而腐殖质丰富的土壤，怕水涝。花色鲜艳，花期长，为良好的绿化观赏植物。见于北戴河国家湿地公园陈列馆路附近。

## 忍冬科 Caprifoliaceae

### 忍冬属 Lonicera

**金花忍冬 Lonicera chrysantha Turcz. ex Ledeb.**

灌木。冬芽有数对鳞片，具睫毛。叶菱状卵形或菱状披针形，基部楔形，全缘，具睫毛。总花梗长 1.5～2.3cm；苞片线形，边缘具睫毛；花黄色，花冠筒部一侧浅囊状，上唇 4 浅裂。浆果红色。花期 5～6 月，果期 7～9 月。产于河北赤城、青龙、崇礼、平山、赞皇、武安。生于沟谷、林下或林缘灌丛中。花蕾、嫩枝、叶可入药。见于北戴河国家湿地公园槐杨四路附近。

## 忍冬科 Caprifoliaceae

### 忍冬属 Lonicera

**金银忍冬 Lonicera maackii (Rupr.) Maxim.**

灌木。小枝中空。叶卵状椭圆形至卵状披针形，先端锐尖，基部楔形，边缘具睫毛，叶柄长 3～5mm。花序总梗短于叶柄；苞片线形，小苞片椭圆形，合生，具缘毛；花冠冠檐二唇形，白色，后变黄色。浆果暗红色；种子具小凹点。花期 6～8 月，果期 8～10 月。河北各地多有分布或栽培。生于林中或林缘溪流附近的灌木丛中。园林绿化中最常见的树种，具有较高的观赏价值；茎皮可制作人造棉；花可提取芳香油；种子榨油可制作肥皂。见于北戴河国家湿地公园 12 号楼和 8 号塘附近。

## 忍冬科 Caprifoliaceae

### 六道木属 Abelia

**糯米条 Abelia chinensis R. Br.**

灌木。幼枝红褐色，小枝皮撕裂状。叶对生，卵形或卵状椭圆形，边缘具疏浅齿，叶背中脉基部密被柔毛。聚伞花序顶生或腋生，花粉红色或白色，具香味，花萼5裂，花冠漏斗状；雄蕊4枚，伸出花冠。瘦果顶端有宿存的花萼。花期7~8月，果期10月。河北各地偶有栽植。喜温暖湿润气候，耐寒性差。枝、叶、花入药，具清热解毒、凉血止血的功效。见于北戴河国家湿地公园9号楼南侧。

## 忍冬科 Caprifoliaceae

### 荚蒾属 Viburnum

**鸡树条荚蒾 Viburnum opulus L. subsp. calvescens (Rehder) Sugimoto**

**别名：天目琼花**

落叶灌木。树皮暗灰褐色，小枝褐色至赤褐色，具明显条棱。单叶对生，掌状3出脉，叶柄有腺点。伞形聚伞花序顶生，花冠杯状，乳白色，5裂。核果球形，鲜红色。花期5~6月，果期8~9月。河北各地均有分布。生于山坡、山谷、林缘。常栽培用于园林绿化和观赏；叶、嫩枝及果入药，能消肿止痛、止咳、杀虫；茎皮纤维可制作绳；种子油供制肥皂和润滑油用。见于北戴河国家湿地公园3号楼附近。

## 桔梗科 Campanulaceae

### 桔梗属 *Platycodon*

**桔梗 *Platycodon grandiflorus* (Jacq.) A. Candolle**

多年生草本。根肉质肥厚，黄褐色。叶互生、近对生或近轮生，卵状披针形，边缘具锐锯齿。花单生于茎顶或数朵生于各分枝顶端；花萼钟状，裂片5，宿存；花冠蓝紫色，宽钟状，5浅裂。蒴果顶部5瓣裂。花期7～9月，果期10月。产于河北兴隆雾灵山、小五台山、井陉、赞皇、内丘等地。生于山地的阴坡和山梁，有时成群落。根可入药，含桔梗皂苷等成分，具镇咳、平喘、祛痰的功效。见于北戴河国家湿地公园新河桥附近。

## 菊科 Compositae

### 泽兰属 *Eupatorium*

**林泽兰 *Eupatorium lindleyanum* DC.**

**别名：** 泽兰

多年生草本。叶长椭圆状披针形，常对生，不分裂或3全裂，背面有黄色腺点，边缘具疏锯齿，近无柄。头状花序在茎顶排列成伞房状；总苞钟状，总苞片3层，淡绿色或带紫色；花白色或淡紫色。瘦果黑褐色，具5条棱，散生黄色腺点。花果期8～10月。产于河北北戴河、遵化东陵、小五台山等地。生于山谷水湿地、林下湿地

或草原上。枝、叶入药,具解表祛湿、和中化湿的功效。见于北戴河国家湿地公园槐杨东路。

## 菊科 Compositae
### 紫菀属 Aster

**山马兰** *Aster lautureanus* (Debeaux) Franch.

别名:山鸡儿肠

多年生草本。叶互生,下部叶花期枯萎;中部叶披针形或长圆状披针形,全缘或具疏锯齿;上部叶小,线状披针形,全缘。头状花序在茎顶排列成伞房状;总苞半球形,总苞片3层,覆瓦状排列;舌状花淡紫色,管状花黄色。瘦果浅褐色,有浅色边肋,冠毛淡红色。花期5~9月,果期8~10月。产于河北保定狼牙山。生于干燥山坡、草原或灌木林中。根及全草入药,具清热、凉血、利湿、解毒的功效。见于北戴河国家湿地公园新河北路附近。

## 菊科 Compositae
### 紫菀属 Aster

**蒙古马兰** *Aster mongolicus* Franch.

别名:北方马兰

多年生草本。叶近膜质,下部叶花期枯萎;中部叶倒披针形,边缘有牙齿、缺刻状锯齿至羽状深裂;上部叶渐小,线状披针形,全缘。头状花序单生于分枝顶端;舌状花1层,淡蓝紫色或白色,管状花黄色。瘦果倒卵形,黄褐色,有毛和腺点。花果期7~9月。产于河北北戴河、涞源白石山、易县狼牙山等地。生于山坡、灌丛、田边、路旁。全草入药,具清热解毒、散瘀止血的功效。见于北戴河国家湿地公园陈列馆路附近。

## 菊科 Compositae

### 紫菀属 Aster

**狗娃花 Aster hispidus Thunb.**

一年或二年生草本。叶全缘，质薄，下部叶狭长圆形；中部叶长圆状披针形；上部叶线形。头状花序在枝顶排成圆锥伞房状；总苞半球形，总苞片2层，线状披针形；舌状花30余朵，舌片淡蓝色或白色，管状花多数，黄色。瘦果倒卵形，密被硬毛。花果期7～10月。河北各地均有分布。生于山野、荒地、林缘和草地。根可入药，具解毒、消炎的功效。见于北戴河国家湿地公园陈列馆路附近。

## 菊科 Compositae

### 紫菀属 Aster

**东风菜 *Aster scaber* Thunb.**

多年生草本。根状茎短。叶心形、卵状三角形或长圆披针形，自下而上渐小，叶基常有具宽翅的柄。头状花序在茎顶排列成圆锥伞房状；总苞片3层，边缘宽膜质，有缘毛，外围的1层具舌状花10朵，白色，中央的管状花多数，黄色。瘦果有5条厚肋。花果期6～10月。产于河北涞源白石山。生于山谷坡地、草地和灌丛中。全草入药，具清热解毒、祛风止痛的功效。见于北戴河国家湿地公园新河北路。

## 菊科 Compositae

### 紫菀属 Aster

**紫菀 *Aster tataricus* L. f.**

多年生草本。根状茎短，有沟棱，被疏粗毛。茎生叶互生，厚纸质，下部叶椭圆状匙形，基部渐狭成具翅的柄；中部叶长圆形；上部叶披针形，无柄。头状花序排成复伞房状；总苞半球形，总苞片3层，边缘宽膜质；舌状花蓝紫色。瘦果倒卵状长圆形，紫褐色。花果期7～10月。产于河北兴隆雾灵山。生于低山阴坡湿地、山顶和低山草地、河边草甸及沼泽地。耐涝，怕干旱，耐寒性较强。根及根状茎可入药，具清热、解毒、消炎的功效。见于北戴河国家湿地公园新河北路。

## 菊科 Compositae

### 紫菀属 Aster

**钻叶紫菀 Aster subulatus Michx.**

多年生草本。叶互生，基部叶倒披针形，花期凋落；中部叶线状披针形，先端尖或钝，全缘；上部叶渐狭线形。头状花序顶生，排成圆锥花序；总苞钟状，总苞片3～4层，线状钻形；舌状花细狭，淡粉红色，与冠毛相等或稍长，管状花多数，短于冠毛。瘦果。花果期9～11月。原产于北美洲；河北各地偶有分布。生于山坡、林缘、路旁、湿草地。全草入药，具清热解毒的功效，主治痈肿、湿疹。见于北戴河国家湿地公园科研中心附近。

## 菊科 Compositae

### 紫菀属 Aster

**荷兰菊 Aster novi-belgii L.**

多年生草本。叶互生，长圆形或披针形，先端尖，基部抱茎，全缘或具浅锯齿。头状花序单生或在茎顶排列成伞房状；总苞半球形，总苞片3~4层，线形；舌状花1层，舌片蓝紫色，管状花多数，黄色。瘦果长圆形。花期7~11月。原产于北美洲；河北各公园均有栽培。喜阳光充足和通风的环境，耐干旱，耐寒，耐瘠薄，适宜在肥沃和疏松的砂质土壤上生长。适于盆栽供室内观赏和布置花坛、花境等，也可作为花篮、插花的配花。见于北戴河国家湿地公园10号楼附近。

## 菊科 Compositae

### 女菀属 Turczaninovia

**女菀 Turczaninovia fastigiata (Fisch.) DC.**

多年生草本。叶互生，下部叶线状披针形，基部渐狭成短柄，全缘；中部叶渐小，披针形或线形。头状花序在枝顶排列成复伞房状；总苞钟状；舌状花白色，管状花两性，黄色，顶端5裂。瘦果长圆形，边缘有细肋，密被短毛。花果期8~10月。产于河北易县狼牙山。生于荒地、山坡润湿处。根状茎可入药，具润肺、止咳的功效。见于北戴河国家湿地公园槐杨东路附近。

## 菊科 Compositae

### 碱菀属 *Tripolium*

**碱菀 *Tripolium vulgare* Nees**

**别名：金盏菜**

一年生草本。叶互生，肉质，基部叶花期枯萎；下部叶长圆形或披针形，全缘或具小尖头的锯齿；中部叶渐狭，线形或线状披针形；上部叶小，苞叶状。头状花序在茎顶排列成伞房状；总苞钟状，总苞片近覆瓦状排列；舌状花1层，舌片蓝紫色，管状花黄色，顶端5裂。瘦果有厚边肋，冠毛白色或淡红色。花果8~10月。产于河北北戴河、保定大北山、丰南、井陉白鹿泉。生于海岸、湖边、沼泽和盐碱地。见于北戴河国家湿地公园科研中心附近。

## 菊科 Compositae

### 飞蓬属 *Erigeron*

**一年蓬 *Erigeron annuus* (L.) Pers.**

一年或二年生草本。叶互生，基生叶长圆形或宽卵形，基部渐狭成具翅的叶柄；中上部叶较小，长圆状披针形或披针形，近无柄。头状花序排列成伞房状或疏圆锥状；总苞半球形，总苞片3层，披针形；舌状花2层，白色或淡蓝色，舌片线形，中央管状花黄色。瘦果披针形。花期6～9月。原产于北美洲；河北各地均有分布。生于田野、路边或旷野。全草入药，可治疟疾。见于北戴河国家湿地公园3号楼附近。

## 菊科 Compositae

### 飞蓬属 *Erigeron*

**小蓬草 *Erigeron canadensis* L.**

**别名**：小飞蓬

一年生草本。植株被长硬毛。叶线状披针形或长圆状披针形，先端渐尖，基部渐狭成柄，全缘或具微锯齿。头状花序排列成顶生分枝的大圆锥花序；总苞近圆柱状，总苞片2～3层，线状披针形；舌状花白色，舌片小，线形，管状花两性，淡黄色。瘦果长圆形，有短伏毛。花期5～9月。原产于北美洲；河北各地均有分布，为极常见的杂草。生于旷野、荒地、村舍附近。嫩茎、叶可作为猪饲料；全草入药，能消炎止血、祛风湿。见于北戴河国家湿地公园新河北路和高架栈桥。

## 菊科 Compositae

### 旋覆花属 *Inula*

**旋覆花 *Inula japonica* Thunb.**

多年生草本。茎单生，有时2～3个簇生，被长伏毛，上部有上升或开展分枝。基部叶在花期枯萎；中部叶长圆形、长圆状披针形或披针形，常有圆形半抱茎小耳，无柄；上部叶渐狭小，线状披针形。头状花序排列成伞房花序，花序梗细长；总苞半球形，总苞片约6层，线状披针形；舌状花黄色。瘦果具沟，顶端截形，冠毛白色。花期6～10月，果期8～11月。产于河北北戴河、昌黎、蔚县小五台山。生于山坡路旁、湿润草地、河岸和田埂。根及茎叶或地上部可入药，治刀伤、疗毒，煎服可平喘镇咳。见于北戴河国家湿地公园5号楼附近。

## 菊科 Compositae

### 苍耳属 *Xanthium*

**苍耳** *Xanthium sibiricum* Patrin ex Widd.

**别名**：菜耳，老苍子

一年生草本。茎被灰白色糙伏毛。叶三角状卵形，被糙伏毛，基出 3 脉。雄性头状花序球形，花冠钟状；雌性头状花序椭圆形，内层总苞片结合成囊状，在瘦果成熟时变坚硬，疏生钩状刺。瘦果倒卵形。花期 7~8 月，果期 9~10 月。河北各地均有分布。生于平原、丘陵、低山、荒野、田边及农田中。喜温暖稍湿润气候，以疏松肥沃、排水良好的砂质壤土为宜。种子油可制作油漆，可作为油墨、肥皂、油毡原料，也可制作硬化油及润滑油；果实入药，具祛风散热、解毒杀虫的功效。见于北戴河国家湿地公园管理房附近。

## 菊科 Compositae
### 豚草属 Ambrosia

**豚草 Ambrosia artemisiifolia L.**

一年生草本。上部叶互生，无柄，羽状分裂；下部叶对生，二回羽状分裂，裂片长圆形至倒披针形，全缘。雌雄异株，雄性头状花序具短梗，在枝端密集成总状花序；雌性头状花序无花序梗，单生或2~3个密集成团伞状；花托具刚毛状托片，花冠黄色；花柱2深裂。瘦果倒卵形，藏于总苞内。花期8~9月，果期9~10月。原产于北美洲；在我国已列为检疫杂草；河北各地均有分布。见于北戴河国家湿地公园陈列馆路附近。

## 菊科 Compositae
### 百日菊属 Zinnia

**百日菊 Zinnia elegans Jacq.**

**别名：百日草，对叶菊**

一年生草本。叶宽卵圆形，基部心形、抱茎，全缘，背面密被短糙毛，基出3脉。头状花序单生枝端；总苞宽钟状，苞片边缘黑色，具三角流苏状紫红色附片；舌状花深红色、玫瑰色、堇紫色或白色，管状花黄色或橙色。瘦果具3条棱。花期6~9月，果期7~10月。原产于墨西哥；河北各地常见栽培。喜光，耐干旱，耐瘠薄，不耐寒，忌连作。花大色艳，花期长，株型美观，用于花坛、花境、花带布置或盆栽供观赏。见于北戴河国家湿地公园陈列馆路附近。

## 菊科 Compositae

### 鳢肠属 *Eclipta*

**鳢肠** *Eclipta prostrata* (L.) L.

**别名**：旱莲草，墨旱莲

一年生草本。茎自基部或上部分枝，被伏毛，茎、叶折断后有墨水样汁液。叶对生，披针形，边缘具细锯齿或呈波状，两面被硬糙毛。头状花序顶生或腋生；总苞片2轮，边花白色，2裂，心花淡黄色，4裂。舌状花瘦果四棱形，筒状花瘦果三棱形，表面有瘤状突起，无冠毛。花期6～8月，果期9～10月。河北大部分地区均有分布。生于水边、田边、沟边、湿草地。全草入药，具清热解毒、凉血、止血、消炎消肿的功效。见于北戴河国家湿地公园陈列馆路附近。

## 菊科 Compositae

### 松果菊属 *Echinacea*

**松果菊** *Echinacea purpurea* (L.) Moench

多年生草本。基部和下部叶宽卵形或卵状披针形，具长柄，边缘具尖锯齿，具5条脉；上部叶披针形或卵状披针形，具3条脉，近无柄，全缘。头状花序单生枝端，中心部分突起呈球形；中心管状花橙黄色，外围舌状花红色、粉红色或白色。瘦果倒圆锥状，浅褐色，具4条棱。花期6～7月，果期8～10月。原产于北美洲；河北各地多有栽植。喜光，耐干旱，在深厚肥沃、富含腐殖质土壤上生长良好。花大色艳，外形美观，常用于庭院、公园、街道绿化和美化；全草入药，治感冒、咳嗽、上呼吸道感染。见于北戴河国家湿地公园5号楼附近。

## 菊科 Compositae

### 金光菊属 *Rudbeckia*

**黑心金光菊 *Rudbeckia hirta* L.**

一年生草本。全株被粗硬毛。下部叶长圆状卵形或匙形，基部楔形，具3条脉，边缘具细锯齿；上部叶长圆状披针形。头状花序具长梗；总苞片2层，托片线形，对折呈龙骨状；舌状花10～14朵，鲜黄色，顶端有2～3个齿，盘花管状，暗紫色。瘦果四棱形，黑褐色，无冠毛。花果期5～9月。原产于北美洲；河北各地庭园常栽培。适应性强，耐寒，耐干旱，喜向阳通风的环境。观赏植物，花朵繁盛，适用于庭院布置，亦可做切花。见于北戴河国家湿地公园槐杨西路。

## 菊科 Compositae
### 金光菊属 Rudbeckia

**二色金光菊 Rudbeckia bicolor Nutt.**

一年生草本，被硬毛。茎单一或有分枝。叶披针形、长圆形或倒卵形，无柄，全缘。边花舌状，全为黄色或下半部黑色，盘花管状，全为黑色；花柱分枝钻形。无冠毛。花期7~9月。原产于北美洲；河北各公园和庭院偶见栽培。观赏植物。见于北戴河国家湿地公园花甸。

## 菊科 Compositae
### 向日葵属 Helianthus

**菊芋 Helianthus tuberosus L.**
**别名**：洋姜，鬼子姜

多年生草本。具块茎和纤维状根。叶常对生，下部叶卵状长圆形，离基3出脉；上部叶宽披针形，基部渐狭呈短翅状。头状花序在茎顶排列成伞房状；总苞半球形，苞片背面被短伏毛；舌状花12~20朵，黄色，管状花与舌状花同色。瘦果上

端具2~4个锥状扁芒。花期8~9月。原产于北美洲；河北各地广泛栽培。耐寒，抗干旱，耐瘠薄，再生性极强，对土壤要求不严。块茎腌制可食用，亦可制作菊糖和酒精；公园、庭院种植有美化作用。见于北戴河国家湿地公园二十八间房南侧。

## 菊科 Compositae

### 松香草属 Silphium

**串叶松香草 Silphium perfoliatum L.**
别名：串叶草

多年生草本。茎四棱形，上部有分枝。叶对生，卵形，边缘具齿，相对2叶基部相连呈杯状，茎从两片叶中贯穿而出。头状花序在茎顶排列成伞房状；总苞半球形；舌状花20~30朵，黄色，管状花黄色。瘦果倒卵形，先端微缺或具2个齿。花期6~9月。原产于北美洲；河北各地偶有栽培。喜温暖湿润气候，耐寒，耐热，再生性强，耐刈割。适口性好，猪、鸡、兔喜食，为优良饲草；花多，是很好的蜜源植物。见于北戴河国家湿地公园10号楼附近。

## 菊科 Compositae

### 金鸡菊属 Coreopsis

**两色金鸡菊 Coreopsis tinctoria Nutt.**
别名：蛇目菊

一年生草本。叶对生，中下部叶具长柄，二回羽状分裂，裂片线形或线状披针形，全缘；上部叶无柄或下延成翅状柄。头状花序排列成伞房状或疏圆锥状；总苞半球形；舌状花舌片中上部黄色，基部紫红色，管状花红褐色。瘦果长圆形或纺锤形，顶端具2细芒。花期5~9月，果期8~10月。原产于北美洲；河北各地庭院广泛栽培。耐寒，耐干旱，喜光，耐半阴，对二氧化硫有较强的抗性。花朵繁茂，成片栽植作为地被植物，也可丛植制作花境；全草入药，具清热解毒、化湿止痢的功效。见于北戴河国家湿地公园花甸。

## 菊科 Compositae

### 金鸡菊属 *Coreopsis*

**剑叶金鸡菊** *Coreopsis lanceolata* L.

多年生草本。根纺锤形。基部叶成对簇生，有长柄，匙形或线状倒披针形；上部叶全缘或3深裂，线形或线状披针形。头状花序在茎顶单生；总苞披针形；舌状花黄色，舌片倒卵形或楔形，管状花狭钟状。瘦果圆形或椭圆形，边缘具宽翅，顶端具2片短鳞片。花果期5～9月。原产于北美洲；河北各地庭园常栽培。耐寒，耐干旱，耐半阴，喜阳光充足的环境及排水良好的砂质壤土。花色鲜艳，花期长，是布置花境、坡地、庭院及缀花草坪的观赏植物；全草入药，具清热解毒和降压等功效。见于北戴河国家湿地公园花甸。

# 菊科 Compositae

## 赛菊芋属 *Heliopsis*

**赛菊芋** *Heliopsis helianthoides* Sweet

**别名**：日光菊

多年生草本。叶对生，矩圆形、长卵圆形、卵状披针形，具柄，具主脉3条，边缘具粗齿。头状花序具柄，异性，集生成伞房状；总苞片2～3层；舌状花黄色，雌性，1层，结实或不育，宿存于果上，管状花两性，结实。瘦果无冠毛或有具齿的边缘。花期6～9月，果期9～10月。原产于北美洲；河北各地多有栽培。喜阳，耐寒，耐阴，耐湿热，耐干旱，耐瘠薄，喜疏松、排水良好的砂质土壤。常作为布置花坛、花境材料，栽于路旁、篱旁、林缘草地。北戴河国家湿地公园各处均有，常成片。

## 菊科 Compositae

### 秋英属 Cosmos

**秋英 Cosmos bipinnatus Cav.**

**别名**：波斯菊

一年生草本。叶二回羽状深裂至全裂，裂片线形，叶柄长5~20mm。头状花序单生枝端，直径3~6cm；总苞半球形，总苞片2层；舌状花8朵，常粉红色，偶紫红色或白色，舌片顶端有3~5个钝齿，管状花多数，黄色。瘦果黑色，具4条纵沟，先端具喙。花期6~8月，果期9~10月。原产于墨西哥；河北各地广泛栽培。喜光，耐贫瘠，忌炎热，忌积水，对夏季高温不适应，不耐寒。株形高大，叶形雅致，花色丰富，常用于布置花境；全草入药，有清热解毒、明目化湿的功效。见于北戴河国家湿地公园陈列馆路附近。

## 菊科 Compositae

### 鬼针草属 Bidens

**狼杷草 Bidens tripartita L.**

**别名**：狼把草

一年生草本。叶对生，叶柄有狭翅，中部叶3~5裂，顶裂片大，上部叶3深裂或不裂。头状花序球形或扁球形；总苞片2层，内层披针形，干膜质，与头状花序等长或稍短，外层披针形或倒披针形，比头状花序长，叶状；花黄色，全为两性管状花。瘦果倒卵状楔形，顶端具2芒刺。花期8~9月，果期9~10月。产于河北遵化东陵、昌黎、小五台山、灵寿、赞皇。生于路边荒野及水边湿地。全草入药，能清热解毒；加工成干草粉，可作为饲料配料。

## 菊科 Compositae

### 鬼针草属 *Bidens*

**大狼杷草 *Bidens frondosa* L.**

**别名**：大狼把草

一年生草本。茎直立，多分枝，常带紫色。一回羽状复叶，对生，具柄，小叶3～5枚，披针形，先端渐尖，边缘具粗锯齿。头状花序单生；总苞钟状或半球形，外层苞片5～10片，披针形或匙状倒披针形，内层苞片长圆形，具淡黄色边缘；无舌状花或舌状花不育，管状花两性。瘦果狭楔形，顶端具2芒刺，有侧束毛。花果期8～10月。原产于北美洲；河北各地多有分布。生于田野湿润处。耐盐碱。全草入药，具强壮、清热解毒的功效。见于北戴河国家湿地公园槐杨路附近。

## 菊科 Compositae

### 鬼针草属 Bidens

**金盏银盘** *Bidens biternata* (Lour.) Merr. et Sherff.

一年生草本。茎略具四棱。一回羽状复叶，顶生小叶卵形至长圆状卵形或卵状披针形，边缘具稍密且近于均匀的锯齿；侧生小叶 1～2 对，卵形或卵状长圆形。头状花序；总苞内层苞片背面有深色纵条纹；舌状花 3～5 朵，不育，舌片淡黄色，先端 3 齿裂，管状花筒状，顶端 5 齿裂。瘦果被小刚毛，顶端具 3～4 芒刺。花期 8～9 月，果期 9～10 月。河北各地均有分布。生于路边、村旁及荒地。全草入药，具清热解毒、活血散瘀的功效。见于北戴河国家湿地公园新河桥（六十米桥）和新河南路。

## 菊科 Compositae

### 鬼针草属 *Bidens*

**鬼针草** *Bidens pilosa* L.

**别名**：婆婆针

一年生草本。茎微具四棱。叶对生，二回羽状分裂，小裂片三角形或菱状披针形，具1~2对缺刻或深裂，边缘具不规则粗齿。头状花序；总苞杯状，外层苞片线形，草质，内层苞片膜质，椭圆形；舌状花1~3朵，不育，舌片黄色，先端具2~3个齿，管状花黄色，顶端5齿裂。瘦果具3~4条棱，具瘤状突起及小刚毛，顶端具3~4芒刺。花期8~9月，果期9~10月。产于河北昌黎、北戴河、易县西陵、灵寿、平山、赞皇。生于路边荒地、山坡及田间。全草入药，能清热解毒、散瘀活血。见于北戴河国家湿地公园湿地木栈道。

## 菊科 Compositae

### 牛膝菊属 *Galinsoga*

**牛膝菊** *Galinsoga parviflora* Cav.

一年生草本。叶对生，卵形或长椭圆状卵形，基出3~5脉，边缘具锯齿。头状花序半球形；总苞片1~2层，5片，托片倒披针形；舌状花白色，4~5朵，顶端3齿裂，管状花黄色。瘦果黑褐色，具3条棱，舌状花冠毛毛状，管状花冠毛膜片状，白色，披针形，边缘流苏状。花果期7~10月。原产于美洲；河北各地均有分布，为归化植物。生于荒地、田间、河谷。全草入药，具止血、消炎的功效。见于北戴河国家湿地公园科研中心附近。

## 菊科 Compositae
### 天人菊属 Gaillardia

**天人菊 Gaillardia pulchella Foug.**
别名：虎皮菊

一年生草本。下部叶匙形或倒披针形，边缘具波状钝齿、浅裂至琴形分裂；上部叶长椭圆形、倒披针形或匙形，全缘或偶有3浅裂。头状花序；总苞片披针形，背面有腺点；舌状花紫红色，端部黄色，顶端2～3裂，管状花顶端渐尖呈芒状，被节毛。瘦果长2mm，冠毛鳞片状。花果期6～9月。原产于北美洲；河北各地庭院时有栽培。观赏草花，可作为布置花坛、花丛的材料；耐风、抗潮、耐干旱，是良好的防风固沙植物。见于北戴河国家湿地公园槐杨西路。

## 菊科 Compositae
### 蓍属 Achillea

**洋蓍草 Achillea millefolium L.**
别名：千叶蓍

多年生草本。具匍匐根状茎。叶互生，二至三回羽状全裂，一回裂片多数，末回裂片披针形至线形。头状花序呈密集的伞房状排列；总苞片3层，覆瓦状排列，背面中间绿色，边缘膜质；边花5朵，舌片近圆形，白色、粉红色或淡紫红色，顶端具2～3个齿，管状花两性，管状，黄色，5齿裂。瘦果长圆形，有白色纵肋，无冠毛。花期6～8月，果期9～10月。原产于欧洲；河北各地偶见栽培，有时逸生。生于湿草地、荒地。栽培供观赏；叶、花含芳香油；全草入药，具发汗、祛风的功能。见于北戴河国家湿地公园科研中心附近。

## 菊科 Compositae

### 滨菊属 Leucanthemum

**大滨菊** *Leucanthemum maximum* (Ramood) DC.

二年生草本。茎单生或自基部疏分枝，具长毛。叶长圆状披针形，近基部叶长可达30cm，向上渐变短呈披针形，基部钝圆，边缘具粗锯齿。头状花序单生枝端，具长梗，直径5～7cm；总苞片宽长圆形，钝头，边缘膜质；舌状花白色，舌片宽而钝，管状花黄色。瘦果，无冠毛。花期7～9月。原产于欧洲；河北各地均有栽培。喜光，耐寒，在富含腐殖质的疏松、肥沃、排水良好的沙壤土上生长良好。花洁白素雅，花形舒展，花期长，常盆栽供观赏或做鲜切花。见于北戴河国家湿地公园5号楼附近。

## 菊科 Compositae

### 菊属 / 茼蒿属 Chrysanthemum

**甘菊** *Chrysanthemum lavandulifolium* (Fisch. ex Trautv.) Makino

多年生草本。基部和下部叶花时脱落；中部叶卵形、宽卵形或椭圆状卵形，二回羽状分裂；最上部叶3裂或不裂。头状花序在茎顶排列成伞房状；总苞碟形，总苞片5层，边缘膜质、半透明，中肋绿色；舌状花黄色，舌片椭圆形，顶端全缘或有2～3个不明显的齿。瘦果，具5条纵肋。花期9～10月，果期10～11月。产于河北蔚县小五台山、兴隆雾灵山。生于山坡、河谷、河岸、荒地。花可入药，具清热祛湿、平肝降压的功效。见于北戴河国家湿地公园槐杨东路。

## 菊科 Compositae

### 蒿属 Artemisia

**黄花蒿 Artemisia annua L.**

一年生草本。全株鲜绿色，有香气。基部及下部叶花期枯萎；中部叶卵形，二至三回羽状全裂呈栉齿状，裂片线形，两面密布腺点；上部叶小，一至二回羽状全裂。头状花序球形，下垂，排成总状，花序托无托毛；总苞片2～3层，边缘膜质；边花雌性，中央小花两性。瘦果红褐色。花果期8～10月。河北各地均有分布。生于河边、沟谷、山坡、荒地。全草入药，具清热凉血、退虚热、解暑的功效，用以治疟疾等症，亦可作为香料、牲畜饲料。见于北戴河国家湿地公园槐杨东路和陈列馆路附近。

# 菊科 Compositae

## 蒿属 *Artemisia*

### 蒙古蒿 *Artemisia mongolica* (Fisch. ex Bess.) Nakai

**别名**：蒙蒿

多年生草本。全株被蛛丝状毛。基生叶花时枯萎；中上部叶羽状深裂，基部半抱茎，具假托叶；叶表面近无毛，背面密被白色蛛丝状毛。头状花序在茎顶排列成圆锥状；苞叶线形，总苞3~4层，密被蛛丝状毛。边花雌性，盘花两性，花冠管状钟形，紫红色。瘦果长圆形，深褐色。花果期8~9月。产于河北承德、小五台山、阜平龙泉关。生于沙地、河谷、摺荒地、路旁。全草入药，具温经、止血、散寒、祛湿等功效；也可提取芳香油，供化工工业用；全株可作为牲畜饲料，又为纤维与造纸原料。见于北戴河国家湿地公园果园路。

## 菊科 Compositae

### 蒿属 Artemisia

**艾蒿 Artemisia argyi Levl. et Van.**

多年生草本。全株密被绒毛。下部叶花期枯萎；中部叶一至二回羽状深裂或全裂，具线状披针形假托叶，叶表面灰绿色，密布白色腺点，背面密被蛛丝状毛；上部叶渐小。头状花序排列成圆锥状；总苞钟状，总苞片4~5层，密被蛛丝状毛，边缘宽膜质；边花雌性，盘花两性，花冠管状钟形，红紫色。瘦果长圆形。花果期8~10月。产于河北小五台山、兴隆雾灵山等地。生于山坡及岩石旁。叶可入药，具散寒、止痛、温经、止血的功效。见于北戴河国家湿地公园果园路附近。

## 菊科 Compositae

### 蒿属 Artemisia

**红足蒿 Artemisia rubripes Nakai**

多年生草本，植株茎秆常带紫红色。下部叶花时枯萎；中部叶具短柄，基部半抱茎，一至二回羽状深裂；上部叶3裂或不裂，线形。头状花序极多数，排列成稍密集的复总状；总苞长圆形或钟状，总苞片3层；边花雌性，花冠黄色，细管状，盘花两性，花冠管状钟形。瘦果长卵形，淡褐色。花果期8~10月。产于河北遵化东陵、北戴河、蔚县小五台山、赞皇、内丘。生于荒地草丛、林缘、灌丛及路边、农田。全草入药作"艾"，具温经、散寒、止血的功效。见于北戴河国家湿地公园果园路附近。

## 菊科 Compositae

### 蒿属 Artemisia

**野艾蒿 Artemisia lavandulaefolia DC.**

多年生草本，有香气。下部叶具长柄，二回羽状分裂，裂片常有齿；中部叶一回羽状深裂；上部叶渐变小，羽状3～5全裂或不裂，全缘。头状花序筒形或筒状钟形，在枝端排列成狭窄的圆锥状；总苞长圆形，总苞片3～4层；边花雌性，盘花两性，红褐色。瘦果长圆形，无毛。花果期8～10月。产于河北蔚县小五台山、涿鹿杨家坪。生于山坡、路旁、草地、灌丛。全草入药作"艾"，具散寒、祛湿、温经、止血的功效。见于北戴河国家湿地公园槐杨东路附近。

## 菊科 Compositae

### 蒿属 Artemisia

**茵陈蒿 Artemisia capillaris Thunb.**

多年生草本或半灌木，有浓烈的香气。茎、枝初时密生绢质柔毛，后脱落。营养枝端有密集叶丛，基生叶密集着生，常呈莲座状；叶卵状椭圆形，二回羽状分裂；下部叶裂片较宽短，中部以上叶裂片细，线形，上部叶羽状分裂。头状花序在枝端排列成复总状，花序托突起，无托毛；总苞卵形，3～4层；边花雌性，中央小花两性，管状。瘦果长圆形，暗褐色，无毛。花果期8～10月。产于河北塘沽、小五台山。生于山坡、路旁、荒地上。嫩茎叶可入药，能清热、利湿、退黄，治黄疸型肝炎。见于北戴河国家湿地公园槐杨东路。

## 菊科 Compositae
### 蒿属 *Artemisia*

**猪毛蒿** *Artemisia scoparia* Wald. et Kit.

一年或二年生草本。叶二至三回羽状全裂，末回小裂片线形；中部叶一至二回羽状全裂，裂片极细；上部叶3裂至不裂。头状花序排列成圆锥状；总苞卵球形，2～3层，边缘宽膜质，中央具1条褐色纵肋；边花雌性，中央小花两性。瘦果长圆形，褐色。花果期7～10月。河北各地均有分布。生于路边荒地、山坡灌丛间。常作茵陈入药，治黄疸型肝炎。见于北戴河国家湿地公园科研中心和8号塘附近沙丘。

## 菊科 Compositae
### 蒿属 *Artemisia*

**沙蒿** *Artemisia desertorum* Spreng.

**别名**：漠蒿

多年生草本。基生叶呈莲座状，具长柄，长圆状楔形、倒卵形、匙形或近圆形，羽状深裂，裂片宽楔形或线状披针形；中部叶3～5全裂，裂片线形；上部叶不分裂，线形。头状花序近球形或宽卵形，多数在茎顶排列成狭圆锥状；总苞片3～4层，薄膜质；边花雌性，5～6朵，盘花两性，7～10朵。瘦果长圆状卵形，黑褐色。花果期7～9月。产于河北北部。生于草原及干燥坡地。常作为牛羊等的冬季饲料；茎多数丛生，阻沙效果好。见于北戴河国家湿地公园湿地木栈道附近。

## 菊科 Compositae

### 蓟属 *Cirsium*

**烟管蓟 *Cirsium pendulum* Fisch. ex DC.**

二年或多年生草本。全株被蛛丝状毛。叶宽椭圆形至宽披针形，二回羽状深裂，上部叶渐小。头状花序单生茎顶，或多数在茎上部排列成总状，密被蛛丝状毛；总苞卵形，总苞片约8层，线状披针形；花紫色，狭管部丝状。瘦果长圆形稍扁，灰褐色。花果期6~9月。产于河北围场、蔚县小五台山、兴隆雾灵山、涿鹿杨家坪。生于山坡林缘、草地。全草入药，具解毒、止血、补虚的功效。见于北戴河国家湿地公园槐杨二支路附近。

## 菊科 Compositae
### 蓟属 *Cirsium*

**刺儿菜** *Cirsium arvense* (L.) Scop. var. *integrifolium* Wimmer et Grabowski

别名：小蓟

多年生草本。根状茎长。叶长圆状披针形，全缘、齿裂或羽状浅裂，具细刺。头状花序单生或多数集于枝端呈伞房状；雌雄异株，雄花花冠下筒部长为上筒部的2倍，紫红色；雌花花冠下筒部长为上筒部的4~5倍。瘦果椭圆形，冠毛羽毛状。花果期6~8月。河北各地均有分布。生于荒地、路旁、山野及田边埂上。全草入药，能凉血、止血、散瘀消肿。见于北戴河国家湿地公园科研中心附近。

## 菊科 Compositae
### 蓟属 *Cirsium*

**野蓟** *Cirsium maackii* Maxim.

多年生草本。茎下部被褐色多细胞皱曲毛，上部被蛛丝状卷毛。基生叶羽状半裂或深裂，基部渐狭成具翅的短柄；茎生叶与基生叶同形，基部抱茎，边缘具刺。头状花序单生茎顶；总苞扁球形，有黏性，总苞片多层，中肋明显，背面密被微毛和腺点；小花筒状，紫红色。瘦果压扁，顶端截形，冠毛长羽毛状。花果期7~9月。河北各地均有分布。生于山坡、荒地。根、叶可入药，具凉血止血、行瘀消肿的功效。见于北戴河国家湿地公园科研中心附近。

## 菊科 Compositae

### 泥胡菜属 *Hemistepta*

**泥胡菜 *Hemistepta lyrata* (Bunge) Fischer et C. A.**

一年生草本。叶互生，基生叶莲座状，长椭圆形或倒披针形，提琴形羽状分裂，花期常枯萎，中下部叶与基生叶同形；叶表面绿色，背面具白色蛛丝状毛。头状花序在茎枝顶端排列成疏松的伞房花序，苞片背面先端下具1紫红色鸡冠状附片，筒状小花紫色或红色。瘦果具纵棱，冠毛白色。花果期4～5月，果期6月。产于河北北戴河、遵化东陵、小五台山、易县西陵。生于路边、

荒地、农田或水沟边。全草入药，具清热解毒、消肿散结的功效，亦可作为牧草。见于北戴河国家湿地公园新河北路附近。

## 菊科 Compositae

### 矢车菊属 Centaurea

#### 矢车菊 Centaurea cyanus L.
别名：蓝芙蓉

一年生草本。茎枝灰白色，被薄蛛丝状卷毛。基生叶长椭圆状披针形，全缘或提琴形羽状分裂，基部渐狭成柄；茎生叶线形、宽线形或线状披针形，无柄。头状花序单生枝端；总苞钟状，边缘篦齿状；边花近舌状，多裂，紫色、蓝色、淡红色或白色，盘花浅蓝色或红色，筒部细长，檐部5裂。瘦果椭圆形，有毛，冠毛刺毛状。花果期6~8月。原产于欧洲；河北各地常见栽培。常用于庭院绿化和供观赏。见于北戴河国家湿地公园陈列馆路附近。

## 菊科 Compositae

### 毛连菜属 Picris

#### 毛连菜 Picris hieracioides L.
别名：枪刀菜

二年生草本。全株密被钩状分叉的硬毛，有乳汁。基生叶花时枯萎；下部叶倒披针形，基部渐狭成具翅的柄；中部叶披针形，无柄，抱茎；上部叶线状披针形。头状花序在枝端排列成伞房状，苞叶线形；总苞筒状钟形，总苞片3层，黑绿色，背面被硬毛；舌状花淡黄色，顶端5齿。瘦果纺锤形，红褐色。花果期7~10月。河北各地均有分布。生于山坡草地、林下、沟边、田间、撂荒地或沙滩地。全草入药，具泻火解毒、祛瘀止痛、利小便的功效。见于北戴河国家湿地公园新河北路。

## 菊科 Compositae

### 蒲公英属 Taraxacum

**蒲公英 *Taraxacum mongolicum* Hand.-Mazz.**

**别名：**婆婆丁

多年生草本，具乳汁。叶基生，匙形或倒披针形，羽状裂，基部渐狭成柄状。花葶数个，与叶近等长，上端密被蛛丝状毛；总苞钟状，总苞片2层；舌状花黄色，外围舌片的外侧中央具红紫色宽带。瘦果褐色，具多条纵沟，有刺状突起。花果期5～7月。河北各地极为常见。生于田野、路边、山坡草地、河岸砂质地。富含多种营养成分，可生吃、炒食、做汤；全草入药，具清热解毒、利尿散结的功效。见于北戴河国家湿地公园5号楼附近。

## 菊科 Compositae

### 苦苣菜属 Sonchus

**苣荬菜 Sonchus arvensis L.**

**别名：** 取麻菜

多年生草本。具匍匐根状茎。叶长圆状披针形，基部渐狭成柄；中部叶无柄，基部圆形，耳状抱茎，边缘具不规则波状尖齿。头状花序数个排列成伞房状；总苞钟状，总苞片3层；舌状花黄色。瘦果纺锤形，褐色，具3～8条纵肋。花果期6～9月。河北各地广泛分布。生于田间、村舍附近、山坡。全草入药，具清热解毒的功效；嫩叶和地下根茎微苦，可拌盐作小菜食用。见于北戴河国家湿地公园科研中心附近。

## 菊科 Compositae

### 苦苣菜属 Sonchus

**苦苣菜 Sonchus oleraceus L.**

一年或二年生草本。叶纸质，大头羽状全裂或羽状半裂，顶裂片大，边缘具刺状尖齿；下部叶叶柄有翅，基部扩大抱茎；中上部叶无柄，基部宽大，戟状耳形抱茎。头状花序在茎顶排列成伞房状；总苞钟状，总苞片3层；舌状花黄色。瘦果长椭圆状倒卵形，具纵肋。花果期6～9月。河北各地广泛分布。生于山野、荒地、路边。全草入药，具祛湿、清热解毒的功效；嫩茎叶可作为饲料。见于北戴河国家湿地公园科研中心附近。

# 菊科 Compositae

## 莴苣属 *Lactuca*

### 翅果菊 *Lactuca indica* L.

**别名：野莴苣**

一年或二年生草本，具白色乳汁。茎生叶线形、线状长椭圆形或倒披针状长椭圆形，全缘或具稀疏细锯齿或尖齿，基部楔形渐狭，无柄。头状花序果期卵球形，在茎枝顶端排列成圆锥花序；总苞片4层，边缘染紫红色；舌状小花25朵，黄色。瘦果椭圆形，黑色，边缘具宽翅，冠毛2层，白色。花果期4～11月。河北各地偶有分布。生于河谷、草甸、路边、林缘。全草入药，具清热解毒、活血、止血的功效；茎叶猪、牛、羊喜食，为优良的饲用植物。见于北戴河国家湿地公园新河北路附近。

## 菊科 Compositae

### 莴苣属 *Lactuca*

**山莴苣** *Lactuca sibirica* (L.) Benth. ex Maxim.

**别名**：多裂翅果菊

多年生草本，具白色乳汁。中下部叶倒披针形、椭圆形或长椭圆形，二回羽状深裂，侧裂片较大；向上叶渐小，侧裂片渐小。头状花序在茎枝顶端排列成圆锥花序；总苞果期卵球形，总苞片4～5层，边缘染红紫色；舌状小花21朵，黄色。瘦果椭圆形，棕黑色，边缘具宽翅，冠毛2层，白色。花果期7～10月。河北各地具有分布。生于山谷、山坡、林缘、灌丛、草地及荒地。全草入药，具清热解毒、活血、止血的功效；茎叶猪、牛、羊喜食，为优良的饲用植物。见于北戴河国家湿地公园科研中心附近。

## 菊科 Compositae

### 苦荬菜属 *Ixeris*

**中华苦荬菜** *Ixeris chinensis* (Thunb.) Tzvel.

**别名**：中华小苦荬，苦菜

多年生草本。基生叶莲座状，线状披针形，基部下延成窄叶柄；茎生叶1～3枚，无柄，基部渐狭。头状花序在茎顶排列成伞房状；总苞圆筒状，苞片13～16片；舌状花黄色、白色或变淡紫红色，舌片顶端5齿裂。瘦果红棕色，具喙。花期4～6月。河北各地广泛分布。生于路边、荒地、田间。嫩茎叶可食或作为饲料；全草入药，具清热解毒的功效。见于北戴河国家湿地公园3号楼附近。

## 菊科 Compositae

### 苦荬菜属 Ixeris

**剪刀股 Ixeris japonica (N. L. Burman) Nakai**

**别名：鸭舌草**

多年生草本。全株无毛，具匍匐茎。基生叶莲座状，匙状倒披针形至倒卵形，基部下延成柄，全缘或具疏锯齿或下部羽状分裂；花茎上生叶仅1～2枚，全缘，无柄。头状花序1～6个在茎枝顶端排列成伞房状；总苞钟状，总苞片2～3层；舌状花黄色，24朵。瘦果褐色，纺锤形，冠毛白色。花期4～5月，果期6～8月。河北各地偶有分布。生于海边低湿地、路旁及荒地。全草入药，具清热解毒、利尿消肿的功效。见于北戴河国家湿地公园3号楼附近。

## 菊科 Compositae

### 苦荬菜属 Ixeris

**抱茎苦荬菜 Ixeris polycephala Cass.**

多年生草本。基生叶多数，长圆形或倒卵状长圆形，边缘具锯齿或不整齐的羽状浅裂至深裂；茎生叶较小，卵状长圆形或卵状披针形，基部扩大呈圆耳状或戟形而抱茎，全缘或羽状分裂。头状花序多数，排列成伞房状，具细梗；总苞圆筒形，总苞片2层；舌状花黄色。瘦果纺锤形，黑褐色，喙短，冠毛白色。花果期4～7月。河北各地广泛分布。生于田野、荒地、路旁、撂荒地及草甸上。嫩茎叶可作为鸡鸭饲料；全株可作为猪饲料；全草入药，具清热解毒、消肿止痛的功效。见于北戴河国家湿地公园2号楼附近。

## 泽泻科 Alismataceae

### 慈姑属 *Sagittaria*

**慈姑** *Sagittaria trifolia* L. var. *sinensis* (Sims.) Makino

多年生沼泽或水生草本。匍匐枝顶端膨大成球茎。叶具长柄，三角状箭形，两侧裂片较顶端裂片略长。总状花序顶生，花3~5朵一轮，单性；下部为雌花，有短梗，上部为雄花，梗细长；外轮花被片3片，萼片状，内轮花被片3片，花瓣状，白色，基部常有紫斑；心皮多数，密集成球形。瘦果斜倒卵形，扁平，背腹两面具薄翅。花期6~8月。河北各地池塘多有生长。喜温暖而日照多的气候，抗风，耐寒性极弱。球茎供食用。见于北戴河国家湿地公园湿地木栈道附近。

## 水鳖科 Hydrocharitaceae

### 黑藻属 *Hydrilla*

**黑藻 *Hydrilla verticillata* (L.f.) Royle**

多年生沉水草本。叶带状披针形，无柄，4～8枚轮生，质薄，透明，全缘或具小锯齿。雄花球形，成熟后脱离母体，浮于水面散布花粉；雌花淡紫色，单生于叶腋，成熟后子房延伸突出苞外，浮于水面。果实线形，表面常具2～9个刺状突起。花果期5～10月。产于河北白洋淀、曲周、临漳、成安。生于淡水池塘或沟渠中。见于北戴河国家湿地公园11号楼附近池塘。

## 眼子菜科 Potamogetonaceae

### 眼子菜属 *Potamogeton*

**竹叶眼子菜 *Potamogeton wrightii* Morong**

**别名：马来眼子菜**

多年生沉水草本。根状茎。叶全沉没于水中，互生，但花梗下的对生，线状披针形或披针状长椭圆形，顶端有长2～3mm的锐尖头，边缘波状，具不明显的细锯齿。穗状花序生于茎顶叶腋，花序梗膨大，花密集，多轮；花被片4片，绿色。小坚果背部具3条脊，中间1条突出，顶端具短喙。花期6～7月，果期8～9月。产于河北霸州、白洋淀、衡水、邢台、永年、成安、临漳。生于静水池沼中。为良好的鸭饲料。见于北戴河国家湿地公园8号和9号塘。

## 眼子菜科 Potamogetonaceae

### 眼子菜属 Potamogeton

**菹草 Potamogeton crispus L.**

多年生沉水草本。根状茎细弱，匍匐。茎多分枝，分枝顶端常有冬芽，脱落后长成新植株。叶宽披针形或线状披针形，无柄，边缘具波状皱褶，有细锯齿；托叶薄膜质，基部与茎相连，顶端常破裂呈丝状。穗状花序生于茎顶叶腋，花穗疏生数花。小坚果卵圆形，顶端具喙，背部具脊，全缘或具锯齿。花期5~6月。河北各地均有分布。生于静水池塘或沟渠中。为良好的鱼、鸭、猪饲料及绿肥。见于北戴河国家湿地公园8号和9号塘。

## 眼子菜科 Potamogetonaceae

### 眼子菜属 Potamogeton

**篦齿眼子菜 Potamogeton pectinatus L.**

**别名：** 龙须眼子菜

多年生沉水草本。根状茎丝状，白色，秋季产生白色卵形的块茎。茎丝状，直径约1mm，淡黄色，常呈多次二叉状分枝。叶全沉生于水中，丝状，全缘，顶端急尖。穗状花序，间断而少花，花序梗长3~10cm，与茎等粗。小坚果宽倒卵形或近圆形，具短喙，背面具锐棱或近圆形。花期5~6月，果期7~8月。产于河北北戴河、文安、沧县等地。生于沟渠或池塘中。见于北戴河国家湿地公园8号和9号塘。

# 百合科 Liliaceae

## 玉簪属 *Hosta*

**玉簪** *Hosta plantaginea* (Lam.) Aschers.

多年生宿根草本。根状茎粗壮。叶基生成丛，卵形至心状卵形，基部心形，具6～10对弧形侧脉。花葶高出叶，总状花序具9～15朵花；花被筒漏斗状，形似簪，白色，具浓香气，管部长为裂片的3倍。蒴果圆柱形。花期8～9月。河北各地常见栽培。性强健，耐寒冷，喜阴湿环境，不耐强烈日光照射，在土层深厚、排水良好且肥沃的砂质壤土上生长良好。常用于林下作为地被植物，也可盆栽供观赏或做切花；鲜花可提取芳香油；根、叶、花可入药，根、叶能清热解毒、消肿止痛，花能清咽、利尿、通经。见于北戴河国家湿地公园新河南路。

## 百合科 Liliaceae

### 玉簪属 *Hosta*

**金边玉簪** *Hosta plantaginea* (Lam.) Aschers. cv. 'Golden Edge'

为玉簪的栽培变种，主要区别在于该变种叶缘具黄边；花被洁白色或带紫色，有浓香。花期6～9月。喜阴，耐寒，喜土层深厚、排水良好、肥沃的砂质壤土。用途同玉簪。见于北戴河国家湿地公园1号楼附近成片栽培。

## 百合科 Liliaceae

### 玉簪属 *Hosta*

**紫萼** *Hosta ventricosa* (Salisb.) Stearn

多年生草本。根状茎粗。叶卵状心形、卵形至卵圆形，边缘波状，侧脉7～11对。总状花序具10～30朵花；苞片长圆状披针形，长1～2cm；花被淡蓝紫色，盛开时从花被管向上骤然漏斗状扩大；雄蕊伸出花被之外，完全离生，先端弯曲。蒴果圆柱状，具3条棱。花

期6～7月，果期7～9月。河北各地均有栽培。喜温暖湿润的气候，耐阴，抗寒性强，分蘖力中等。供观赏；全草入药，具散瘀、止痛、解毒的功效。见于北戴河国家湿地公园10号楼附近。

## 百合科 Liliaceae

### 玉簪属 Hosta

**紫玉簪 Hosta albo-marginata (Hook.) Ohwi**

多年生草本。叶狭椭圆形至卵状椭圆形，先端渐尖或急尖，基部钝圆或近楔形，侧脉4～5对。花葶高于叶，总状花序，具10余朵花；苞片宽披针形，长7～10mm，膜质；花被淡蓝紫色，盛开时从花被管向上逐渐扩大；雄蕊稍伸出花被之外，先端弯曲，完全离生。花期8～9月。原产于日本；河北各地均有栽培。喜温暖湿润气候，喜阴，忌阳光长期直射，分蘖力和耐寒性极强。栽培供观赏；全草入药，内用治胃痛和跌打损伤，外用治虫蛇咬伤和痈肿疔疮。见于北戴河国家湿地公园11号楼附近。

## 百合科 Liliaceae

### 萱草属 Hemerocallis

**黄花菜 Hemerocallis citrina Baroni**

多年生草本。根近肉质，中下部常纺锤状膨大。叶基生，线形，排成2列。花葶稍长于叶，有分枝；苞片披针形，向上渐短；花被淡黄色，花被管长3～5cm，花被裂片长7～12cm。蒴果钝三棱状椭圆形；种子黑色，具棱。花果期5～9月。产于河北青龙、抚宁、卢龙、昌黎、遵化、丰宁、滦平、张北。生于山坡、山谷、荒地或林缘。耐瘠薄，耐干旱，忌土壤过湿或积水。花加工成干菜，供食用；根可酿酒；叶可供造纸和编织用；花葶干后可作为燃料。见于北戴河国家湿地公园新河北路附近。

## 百合科 Liliaceae

### 萱草属 *Hemerocallis*

**萱草** *Hemerocallis fulva* (L.) L.

多年生草本。根近肉质，中下部常纺锤状膨大。叶基生，排成2列，条状披针形，背面呈龙骨状突起。花葶粗壮，比叶长，由聚伞花序组成圆锥状，具6～12朵花或更多；花大，漏斗形，橘红色至橘黄色；外轮花被片长圆状披针形，内轮花被片长圆形，下部一般有"∧"形彩斑。蒴果长圆形。花果期5～7月。河北各地常见栽培。性强健，耐寒，华北地区可露地越冬，喜湿润也耐干旱，喜阳光又耐半阴。供观赏，多丛植或布置花境；根可入药，具清热利尿、凉血止血的功效。见于北戴河国家湿地公园2号门和12号楼附近栽培。

## 百合科 Liliaceae
### 萱草属 Hemerocallis

**金娃娃萱草 Hemerocallis fulva (L.) L. cv. 'Golden Doll'**

多年生草本。地下具根状茎和肉质肥大的纺锤状块根。叶基生，条状披针形，排成2列。花葶粗壮，高35cm，螺旋状聚伞花序，含花2~6朵；花冠漏斗形，花径7~8cm，金黄色。蒴果。花果期5~7月。河北各地均有栽培。耐寒，喜阳，稍耐阴，耐干旱，耐盐碱，对土壤要求不严。叶色鲜绿，花色金黄，花期长，群体栽培观赏效果佳，主要用作地被植物，也可布置花坛和花境。见于北戴河国家湿地公园新河桥西侧。

## 百合科 Liliaceae
### 黄精属 Polygonatum

**玉竹 Polygonatum odoratum (Mill.) Druce.**

多年生草本。根状茎横走，肉质，黄白色，密生多数须根。叶互生，椭圆形至卵状矩圆形，背面灰白色。花序含1~4朵花，花被黄绿色至白色；花丝丝状，近平滑至具乳头状突起；子房卵形，柱头3裂。浆果球形，蓝黑色，具7~9粒种子。花期5~6月，果期7~9月。产于河北南北山区。生于林下、山野阴坡。耐寒，耐阴湿，忌强光直射与多风。根茎可入药，具养阴润燥、生津止渴的功效。见于北戴河国家湿地公园杨林花境附近林下。

## 百合科 Liliaceae
### 天门冬属 Asparagus

**兴安天门冬 Asparagus dauricus Fisch. ex Link**

多年生草本。茎和枝具条纹，幼枝具软骨质齿。叶状枝每1~6个成簇，枝长短不等，鳞片状叶基部无刺。花1~2朵腋生，黄绿色；雄花花被长3~5mm，雌花较小，花被长约1.5mm。浆果球形，熟时红色。花期5~6月，果期7~9月。产于河北康保、尚义、丰南、涞源、内丘、曲周、临漳等地。生于干燥山坡、草地、沙丘。见于北戴河国家湿地公园科研中心附近。

## 百合科 Liliaceae
### 沿阶草属 Ophiopogon

**麦冬 Ophiopogon japonicus (L.f.) Ker-Gawl.**

多年生草本。根状茎横走，节上具膜质鞘，根常膨大成纺锤形的小块根，淡黄褐色。叶基生成丛，线状，基部渐狭呈柄状，边缘具细锯齿。花葶比叶短；总状花序，苞片膜质；花被常不开展，常淡紫色。果实球形，蓝黑色。花期5~8月，果期8~9月。产于河北井陉，各地均有栽培。生于山沟阴湿处、林下或溪边。栽培供观赏；块根入药名"麦冬"。见于北戴河国家湿地公园12号楼附近栽培。

## 龙舌兰科 Agavaceae

### 丝兰属 *Yucca*

**凤尾丝兰 *Yucca gloriosa* L.**

常绿灌木。叶质硬，挺直，线状披针形，具白粉，顶端坚硬呈刺状，边缘幼时具少数疏齿，老时全缘。圆锥花序高1～1.5m；花白色至乳黄色，顶端常带紫红色，下垂；花被片卵状菱形，6片。蒴果倒卵状长圆形，不开裂。花期7～9月。原产于北美洲；河北各地常见栽培。喜光，耐干旱，耐湿，极耐寒，在疏松、排水良好的砂质壤土上生长良好。由于其叶片尖部为硬刺，易伤人，不宜在庭院中种植。既可观花，又可赏叶，常成片栽培用于草坪点缀。见于北戴河国家湿地公园湿地木栈道附近。

## 雨久花科 Pontederiaceae

### 梭鱼草属 Pontederia

**梭鱼草 Pontederia cordata L.**

多年生挺水或湿生草本植物。叶柄绿色，圆筒形，横切断面具膜质物；叶深绿色，卵状披针形，基生叶广心形，端部渐尖。花葶直立，高出叶面；穗状花序顶生，小花密集，蓝紫色带黄斑点；花被片6片，近圆形，裂片基部联合为筒状。果成熟后褐色，果皮坚硬。花果期5~10月。原产于北美洲；河北各地均有栽培。怕风，不耐寒，在静水及水流缓慢的水域中均可生长。广泛用于园林美化，栽植于河道两侧、池塘四周。见于北戴河国家湿地公园2号门南侧河塘附近栽培。

## 鸢尾科 Iridaceae

### 鸢尾属 Iris

**鸢尾 Iris tectorum Maxim.**

多年生草本。根状茎浅黄色。叶质薄，浅绿色，剑形。花葶与叶几等长，单一或有2个分枝，每枝具1~3朵花；苞片革质；花蓝紫色，花被管纤细，外轮花被片具深色网纹，中部具1行鸡冠状突起及白色须毛；花柱具3个分枝，花瓣状，蓝色，顶端2裂。蒴果具6条棱，表面具网纹；种子深棕褐色，具假种皮。花期4~6月。河北各地均有栽培。喜光，耐寒，耐半阴，要求排水良好、富含腐殖质和偏碱性的黏性土壤。为一种美丽的花卉植物；根茎可入药，具活血祛瘀、祛风利湿、消积通便的功效；可用于监测大气氟化物污染。见于北戴河国家湿地公园自然学堂和新河北路附近。

## 鸢尾科 Iridaceae

### 鸢尾属 *Iris*

**马蔺** *Iris lactea* Pall. var. *chinensis* (Fisch.) Koidz.

**别名**：马莲

多年生草本。根状茎短而粗壮，绳状，棕褐色。基生叶多数，宽线形，蓝绿色。花葶多数，丛生；苞片叶状；花1~3朵，蓝紫色或淡蓝色，花被管较短，外轮花被片匙形，内轮花被片倒披针形；花柱具3个分枝，花瓣状，先端2裂。蒴果具6条棱，先端具尖喙。花期5~6月，果期6~7月。河北各地均有分布。生于荒地、路旁、山坡草地，尤以过度放牧的盐碱化草场较多。根系发达，可用于保持水土和改良盐碱土；叶纤维韧性强，可代麻及供造纸用；根、花和种子可入药，具清热解毒、凉血止血、利尿消肿的功效；种子可榨油，供制作肥皂用。见于北戴河国家湿地公园管理房附近。

## 鸢尾科 Iridaceae

### 鸢尾属 *Iris*

**黄花鸢尾** *Iris wilsonii* C. H. Wright

多年生草本。植株基部有老叶残留的纤维，根状茎粗壮。叶基生，宽条形，具3~5条不明显的纵脉。花葶中空，具1~2枚茎生叶；苞片3片，草质；花黄色，外轮花被裂片具紫褐色的条纹及斑点，内轮花被裂片倒披针形。蒴果椭圆状柱形，6条肋明显；种子棕褐色，半圆形。花期5~6月，果期7~8月。原产于欧洲；河北各地常见栽培。喜光，耐阴，耐寒，耐盐碱，在排水良好、富含腐殖质的沙壤土或轻黏土上生长良好。既可观叶，亦可观花，是观赏价值很高的水生植物；根状茎可入药，能缓解牙痛、调经、治腹泻。见于北戴河国家湿地公园12号楼和8号塘周边。

# 灯心草科 Juncaceae

## 灯心草属 Juncus

**尖被灯心草 Juncus turczaninowii (Buch.) V. I. Krecz.**

多年生草本。根状茎横走。茎丛生，圆柱状，具纵沟纹。基生叶1~2枚，茎生叶2枚，扁圆筒形，宽1~1.5mm，横隔明显。总苞短于花序，聚伞花序顶生，由多数头状花序组成；头状花序半球形，含2~8朵花；花被片6片，先端锐尖，边缘膜质。蒴果三棱状长椭圆形，黑褐色，先端具短尖；种子棕色，表面具网纹。花果期6~9月。产于河北内丘、沙河等地。生于湿地或河边浅水中。茎可作为编织原料；全草入药，具利尿、清热镇静的功效。见于北戴河国家湿地公园环湖路（2号观鸟亭附近）。

## 鸭跖草科 Commelinaceae

### 鸭跖草属 Commelina

**鸭跖草 Commelina communis L.**

一年生草本。茎自基部匍匐分枝，节处常生根。叶卵状披针形，基部具膜质的短叶鞘，白色，具绿脉，鞘口疏生软毛。苞片佛焰苞状，宽心形，花序略伸出佛焰苞，萼片膜质，花瓣深蓝色，有长爪。蒴果2瓣裂；种子暗绿色，具凹点。花果期6~9月。河北各地均有分布。生于阴湿地。全草入药，能清热解毒、消肿利尿；茎叶可作为饲料。见于北戴河国家湿地公园科研中心附近。

## 禾本科 Gramineae

### 刚竹属 Phyllostachys

**毛竹 Phyllostachys edulis (Carr.) J. Houzeau**

常绿乔木状竹类植物。幼竿密被细柔毛及厚白粉，老竿无毛，并由绿色渐变为绿黄色；箨鞘背面黄褐色或紫褐色，具黑褐色斑点及密生棕色刺毛。叶小，质薄，披针形，末级小枝具2~4枚叶。花枝穗状，小穗仅含1朵小花。颖果长椭圆形，顶端具宿存的花柱基部。笋期4月，花期5~8月。河北各地多有栽培。喜温暖湿润的气候，不耐积水淹浸，在肥沃、湿润、排水和透气性良好的酸性沙土或砂质壤土上生长良好。常用于庭园布置或室内盆栽供观赏；竿供建筑用；枝梢制作扫帚；嫩竹及竿箨可作为造纸原料；笋味美，可鲜食或加工制成笋干等。见于北戴河国家湿地公园12号楼附近。

## 禾本科 Gramineae

### 芦竹属 *Arundo*

**芦竹** *Arundo donax* L.

多年生草本。根状茎发达。竿粗大，具多数节。叶鞘长于节间，无毛或颈部具长柔毛；叶舌截平，先端具短纤毛；叶扁平，微粗糙，基部白色，抱茎。圆锥花序大型，分枝稠密，斜升；小穗长10～12mm，含2～4朵小花，外稃中脉延伸成1～2mm的短芒。颖果细小，黑色。花果期9～12月。河北各地多有栽培。喜温暖，喜水湿，耐寒性不强。竿为乐器中的簧片；茎是优质纸浆和人造丝的原料；幼嫩枝叶是良好的青饲料；根状茎及嫩笋芽可入药，具清热利尿、养阴止渴的功效。见于北戴河国家湿地公园9号楼附近栽培。

## 禾本科 Gramineae
### 芦苇属 Phragmites

**芦苇 Phragmites australis (Cav.) Trin. ex Steud.**

多年生草本。根状茎横走。叶披针状线形，叶鞘圆筒形，叶舌有毛。圆锥花序顶生，疏散；小穗含4～7朵花；颖具3条脉；第一花通常为雄性；基盘细长，具6～12mm长的柔毛。颖果长圆形。花果期7～11月。河北各地均有分布。生于池沼、河岸、溪边浅水地区，常成片生长。茎秆纤维可作为造纸原料，也可供编织苇席用；根状茎富含淀粉和蛋白质，可熬糖和酿酒；蔓延力强，是优良的固堤固沙植物；嫩茎叶含糖分较高，家畜喜食；全草入药，具清热生津、止呕、利尿、止血、解毒的功效。北戴河国家湿地公园内广泛分布。

## 禾本科 Gramineae
### 臭草属 Melica

**臭草 Melica scabrosa Trin.**

多年生草本。秆丛生，基部膝曲，常密生分蘖。叶鞘闭合，叶舌膜质透明，顶端撕裂而两侧下延。圆锥花序狭窄；小穗柄弯曲，小穗含2～4朵能育小花，顶部几个不育外稃聚集成小球形；颖膜质，具3～5条脉；外稃具7条脉，背部颗粒状粗糙。颖果褐色，纺锤形。花期4～7月。河北各地均有分布。生于山坡、荒地、路旁。全草入药，具清热利尿、通淋的功效。见于北戴河国家湿地公园湿地木栈道附近。

# 禾本科 Gramineae

## 早熟禾属 *Poa*

### 草地早熟禾 *Poa pratensis* L.

多年生草本。具长而明显的匍匐根状茎。秆具2~3节。叶鞘具纵条纹，叶舌先端截平，叶长6.5~18cm，宽2~4mm。圆锥花序开展，每节有分枝3~5个；小穗卵圆形，绿色，成熟后草黄色，含2~4朵小花；外稃纸质，基盘具稠密且长的白绵毛。颖果纺锤形。花期5~6月。产于河北兴隆雾灵山、蔚县小五台山。生于山坡草地、林缘及林下。耐寒，耐干旱，耐践踏。再生力强，营养价值高，是很好的牧草和饲料；可作为机场、运动场和公园的草皮植物。见于北戴河国家湿地公园3号楼附近。

## 禾本科 Gramineae

### 早熟禾属 *Poa*

**硬质早熟禾 *Poa sphondylodes* Trin.**

**别名：铁丝草**

多年生草本。秆成密丛，具3～4节。叶鞘集生在茎秆中部以下，叶舌膜质，叶狭窄，宽1mm。圆锥花序紧缩，小穗排列稠密；小穗绿色，成熟后草黄色，含4～6朵小花；颖披针形，硬纸质，具3条脉。颖果纺锤形，腹面具凹沟。花期6～7月，果期7～8月。产于河北兴隆雾灵山、蔚县小五台山。生于山坡、路旁、旷地。羊马喜食，可作为牧草；秆细、坚实且叶少，可制作帚刷和作为人造棉原料。见于北戴河国家湿地公园3号楼附近。

## 禾本科 Gramineae

### 早熟禾属 *Poa*

**早熟禾 *Poa annua* L.**

一年或二年生草本。秆丛生，高8～30cm。叶鞘至少在茎秆中部以下闭合，上部叶鞘短于节间；叶舌圆头状，长1～2mm；叶柔软，先端呈船形，长2～10cm，宽1～5mm。圆锥花序开展；小穗绿色，含3～5朵小花；颖质薄，先端钝，脉不明显；外稃卵圆形，顶端具较宽的膜质，具5条脉。颖果纺锤形，长约2mm。花期4～5月。河北各地均有分布。生于菜田、畦埂、路边较湿处。茎叶营养价值高，为优良饲料。见于北戴河国家湿地公园2号楼附近。

## 禾本科 Gramineae

### 雀麦属 Bromus

**无芒雀麦 Bromus inermis Leyss.**

多年生草本。根状茎横走。叶鞘通常闭合，叶舌质硬，叶长7~16cm，宽5~8mm。圆锥花序开展，每节具3~5个分枝；小穗含4~6朵小花，穗轴节间具小刺毛；颖披针形，具膜质边缘；外稃宽披针形，具5~7条脉，常无芒。颖果长圆形，褐色。花果期7~9月。河北各地均有分布。为优良牧草，各种牲畜喜食；茎叶繁茂，再生力强，有保持水土的作用。见于北戴河国家湿地公园湿地木栈道。

## 禾本科 Gramineae

### 鹅观草属 *Roegneria*

**纤毛鹅观草 *Roegneria ciliaris* (Trin.) Nevski.**

多年生草本。秆常单生，被白粉，具3~4节。叶鞘无毛，叶边缘粗糙。穗状花序顶生，每节生1小穗；小穗绿色，脱节于颖之上；颖具5~7条粗壮脉，有纤毛；外稃背部被粗毛，边缘具长而硬的纤毛，上部具明显5条脉，第一外稃具芒，芒干时向外反曲，粗糙。花果期4~7月。产于河北北戴河、张家口、内丘、武安、涉县等地。生于路边、荒地及山坡上。秆叶柔嫩，幼时家畜喜吃。见于北戴河国家湿地公园湿地木栈道附近。

## 禾本科 Gramineae

### 鹅观草属 *Roegneria*

**百花山鹅观草 *Roegneria turczaninovii* (Drob.) Nevski var. *pohuashanensis* Keng.**

多年生草本。秆成疏丛，具3~4节。上部叶鞘无毛，下部叶鞘具倒毛，叶舌截平，叶质硬而内卷，宽2.5~6mm。穗状花序下垂，常偏于一侧，穗轴细弱；小穗含5~7朵花，黄绿色；外稃具明显5条脉，基盘具短毛，第一外稃先端延伸成反曲粗糙的芒，芒长27~43mm。花果期7~9月。产于河北兴隆雾灵山、涞源白石山、蔚县小五台山。生于山坡、草地、林缘、沟谷草甸。见于北戴河国家湿地公园湿地木栈道附近。

## 禾本科 Gramineae

### 赖草属 *Leymus*

**羊草 *Leymus chinensis* (Trin.) Tzvel.**

多年生草本。根状茎横走或下伸，具沙套。叶鞘光滑，叶舌截平，叶质厚而硬，干后内卷。穗状花序顶生；小穗常每节成对着生，粉绿色，成熟时变黄色，含5~10朵小花；颖锥形；外稃披针形，边缘具狭膜质。花果期6~8月。产于河北北戴河、塞罕坝、蔚县小五台山等地，河北各地均较常见。生于开阔平原、起伏的低山丘陵、河滩、盐渍地。适口性好，营养丰富，为优良的饲用禾草。见于北戴河国家湿地公园自然学堂附近。

## 禾本科 Gramineae

### 赖草属 *Leymus*

**赖草 *Leymus secalinus* (Georgi) Tzvel.**

多年生草本。秆单生或成疏丛，上部密生柔毛。叶鞘光滑，叶舌膜质、截平，叶干时内卷。穗状花序灰绿色，每节生小穗2~4个，小穗含5~7朵小花；颖锥形，先端尖如芒状；外稃披针形，先端具长1~4mm的短芒。花果期5~8月。产于河北崇礼桦皮岭。生于沙丘及沙地、沟边、路旁。为良等饲用禾草，青嫩时牛马喜食。见于北戴河国家湿地公园自然学堂附近。

## 禾本科 Gramineae

### 藨草属 Phalaris

**玉带草 Phalaris arundinacea L. var. picta L.**

多年生草本。具根状茎。叶扁平，绿色且有白色条纹间于其中，柔软似丝带。圆锥花序紧密狭窄，分枝直向上举，密生小穗；小穗长4～5mm；颖沿脊上粗糙，上部有极狭的翼；孕花外稃宽披针形，内稃舟形，背具1条脊，不孕花外稃线形。花果期6～8月。河北各地多有栽培。喜光，喜温暖湿润气候，喜肥沃土壤，耐盐碱。盆栽用于庭院观赏；花序可做切花；室外栽培用于布置路边花镜或花坛镶边。见于北戴河国家湿地公园9号楼附近。

# 禾本科 Gramineae
## 拂子茅属 Calamagrostis

**拂子茅 *Calamagrostis epigeios* (L.) Roth**

多年生草本。具根状茎。叶鞘短于或基部者长于节间；叶舌膜质，长圆形，先端易破裂；叶扁平或边缘内卷，粗糙。圆锥花序密而狭，有间断；小穗线形，灰绿色或稍带淡紫色，含1朵小花；2枚颖片近等长，草质，具1条脉；外稃长约为颖一半，先端齿裂，背面中部或稍上处伸出1直芒。花果期7~9月。产于河北北戴河、兴隆雾灵山、蔚县小五台山、涿鹿杨家坪。生于河滩、沟谷、低地、沙地。为中等饲用禾草，开花前为牛所喜食；根状茎发达，抗盐碱、耐湿，能固定泥沙。见于北戴河国家湿地公园湿地木栈道附近。

# 禾本科 Gramineae
## 菵草属 Beckmannia

**菵草 *Beckmannia syzigachne* (Steud.) Fernald.**

别名：水稗子

一年生草本。秆具2~4节。叶鞘长于节间，叶长5~20cm，宽3~10mm。圆锥花序分枝稀疏，贴生或斜伸；小穗压扁，圆形，灰绿色，通常只含1朵小花；颖草质，背部灰绿色，具淡色的横纹；外稃披针形，具5条脉，常具小尖头。花果期5~8月。产于河北北戴河、蔚县小五台山。生于水边湿地，极常见。为中等饲用禾草，各种家畜均采食。见于北戴河国家湿地公园科研中心附近水边。

## 禾本科 Gramineae
### 芨芨草属 Achnatherum

**远东芨芨草 Achnatherum extremiorientale (Hara) Keng. ex P. C. Kuo**

多年生草本。秆直立，具3～4节。叶鞘长于节间或上部较短，叶舌长约1mm。圆锥花序开展，每节具3～6个分枝，分枝细长，成熟后水平开展；小穗草绿色或灰绿色，成熟后变紫色；颖膜质，具3条脉，上部边缘膜质；外稃厚纸质，背部密生白色柔毛；芒长约2cm，一回膝曲，芒柱扭转，具细小刺毛。颖果纺锤形。花果期7～9月。产于河北兴隆雾灵山、赤城。生于山坡草地。全草可作为造纸原料，也可作为牲畜饲料。见于北戴河国家湿地公园新河北路附近。

## 禾本科 Gramineae
### 画眉草属 Eragrostis

**小画眉草 Eragrostis poaeoides Beauv.**

一年生草本。秆丛生，膝曲上升，高20～40cm。叶、花序轴、小枝及柄都具腺体。叶长5～15cm，宽2.5～5mm，叶舌长0.5～1mm。圆锥花序开展而疏松，长5～18cm；小穗长圆形，长3～8mm，含3～16朵小花，绿色或深绿色，小穗柄长3～6mm；第一颖长约1.6mm，第二颖长约1.8mm；第一外稃长约2mm，具3条脉。颖果红褐色，近球形。花果期6～9月。河北各地极为常见。生于田间、田埂、路旁或荒地。为优等饲料，适口性好，各种牲畜喜食。见于北戴河国家湿地公园管理房附近。

# 禾本科 Gramineae

## 画眉草属 *Eragrostis*

### 知风草 *Eragrostis ferruginea* (Thunb.) P. Beauvois

多年生草本。叶鞘两侧极压扁，较节间长；叶舌退化为一圈短毛；叶长20~40cm，宽4~6mm，最上面的1枚叶往往超出花序。圆锥花序开展，基部常为顶生叶鞘所包；小穗线状长圆形，长5~10mm，含7~12朵小花，带黑紫色。颖果棕红色，长约1.5mm。花果期8~10月。产于河北昌黎、遵化东陵。生于山坡道旁。为牲畜的良好饲料；根系发达，成丛生长，固土力强，可作为保持水土和固堤的植物。见于北戴河国家湿地公园12号楼附近。

## 禾本科 Gramineae
### 隐子草属 *Cleistogenes*

**丛生隐子草 *Cleistogenes caespitosa* Keng**

多年生草本。秆丛生。叶鞘无毛，上部叶鞘长于节间，下部短于节间；叶质硬，常内卷。圆锥花序，小穗含3~5朵花；外稃具5条脉，边缘疏生柔毛，第一外稃先端具长0.5~1mm的小尖头。花期7月，果期8~9月。产于河北各地及北京西山、香山卧佛寺、圆明园、金山。生于干燥山坡、沟边、路旁。草质柔软，适口性较好，牛、马、羊均喜食；根系发达，是保持水土或恢复矿山地区植被的优良植物。见于北戴河国家湿地公园陈列馆路附近。

## 禾本科 Gramineae
### 虎尾草属 *Chloris*

**虎尾草 *Chloris caudata* Trin. ex Bunge**

一年生草本。秆丛生，基部常膝曲。上部叶鞘常包有花序，肿胀呈棒槌状，叶舌具小纤毛，叶长5~25cm，宽3~6mm。穗状花序4~10个簇生于茎顶，呈指状排列；小穗生于穗轴一侧，紧密覆瓦状；颖膜质；外稃具3条脉，芒自外稃顶端下部伸出，长5~15mm。颖果纺锤形，淡黄色，光滑无毛而半透明。花期6~7月。河北各地较为常见。生于路边、荒地。为重要的牧草和水土保持植物；全草入药，具祛风除湿、解毒杀虫的功效。见于北戴河国家湿地公园科研中心附近。

## 禾本科 Gramineae

### 穆属 Eleusine

**牛筋草** *Eleusine indica* (L.) Gaertn.

**别名**：蟋蟀草

一年生草本。秆丛生，基部常倾斜而膝曲。叶鞘压扁且具脊，口部常具柔毛；叶长15cm，宽3～5mm，表面常具疣基柔毛。穗状花序2至数个簇生茎顶，呈指状排列；小穗含3～6朵小花；外稃脊上具窄翅，内稃短于外稃，脊上具小纤毛。胞果；种子具明显波状皱纹。花期6～10月。河北各地广泛分布，是最常见的杂草之一。生于田间、路旁、荒地。秆叶强韧，全株可作为饲料，又为优良的水土保持植物；全草入药，具祛风利湿、清热解毒、散瘀止血的功效。见于北戴河国家湿地公园管理房附近。

## 禾本科 Gramineae

### 柳叶箬属 Isachne

**柳叶箬** *Isachne globosa* (Thunb.) Kuntze

多年生草本。叶鞘短于节间，叶舌纤毛状，叶线状披针形，基部渐窄而近于心形，边缘粗糙。圆锥花序卵圆形，抽出鞘外，每小枝着生1～3个小穗，具黄色腺点；小穗圆球形，绿而带紫色；颖草质，近相等，具6～8条脉；第一小花为雄花，第二小花为雌花。颖果近球形。花果期7～10月。产于河北北戴河，河北各地均有分布。抽穗前秆叶柔软，家畜极喜食，为饲养家兔的优等草料。见于北戴河国家湿地公园5号楼附近路边。

# 禾本科 Gramineae

## 野古草属 *Arundinella*

**野古草** *Arundinella anomala* Steud.

多年生草本。根状茎横走，密被多脉纹的鳞片。秆直立，坚硬，无毛或密生糙毛。叶无毛或两面均密生疣毛，叶舌甚短，叶鞘边缘具纤毛或全部密生疣毛。圆锥花序，直立或斜生；小穗长3.5~5mm，灰绿色或带深紫色；颖卵状披针形，具3~5条脉。花果期9~11月。产于河北北戴河、兴隆雾灵山、蔚县小五台山。生于低山山坡。抽穗前可作为饲料，是优良的固堤及水土保持草种。见于北戴河国家湿地公园陈列馆路附近。

## 禾本科 Gramineae
### 稗属 Echinochloa

**西来稗 Echinochloa crusgalli (L.) Beauv var. zelayensis (Kunth) Hitchcock**

一年生草本。叶鞘疏松裹茎，无叶舌，叶线形，边缘粗糙。圆锥花序紫色，分枝不具小分枝；小穗密集排列于穗轴的一侧；颖和第一外稃无疣毛，也无芒。颖果白色或棕色，椭圆形，坚硬。花果期6～8月。分布几遍全国；河北各地均有分布。生于湿地、水田或旱地。根和幼苗可入药，能止血；谷粒可食用或酿酒；全草可作为饲料、绿肥；茎叶纤维可作为造纸原料。见于北戴河国家湿地公园1号门附近。

## 禾本科 Gramineae
### 野黍属 Eriochloa

**野黍 Eriochloa villosa (Thunb.) Kunth**

一年生草本。秆直立或基部蔓生。叶鞘松弛裹茎，节具髭毛；叶舌短小，具纤毛；叶长5～25cm，宽5～15mm，边缘粗糙。总状花序密生柔毛，常排列于主轴的一侧，形成圆锥花序；小穗卵状披针形，长4.5～5mm；第二颖和第一外稃均为膜质，与小穗等长。谷粒卵状椭圆形，细点状粗糙。花果期7～10月。产于河北遵化东陵、兴隆雾灵山。生于路边、田边、旷野、山坡。幼嫩植株可作为饲料；谷粒含淀粉，可食用。见于北戴河国家湿地公园大潮坪。

## 禾本科 Gramineae

### 马唐属 *Digitaria*

**马唐** *Digitaria sanguinalis* (L.) Scop.

一年生草本。叶鞘短于节间，疏生疣基软毛；叶舌膜质，黄棕色；叶长3~17cm，宽3~10mm。总状花序3~10个，呈指状排列；小穗披针形，孪生；第一颖微小，钝三角形，薄膜质，第二颖长为小穗的1/2~3/4，边缘具纤毛；第一外稃与小穗等长，具5~7条脉。花果期6~10月。河北各地均极常见，是危害严重的农田杂草之一。生于荒地、路旁或田间。为优良饲草；谷粒可制淀粉。见于北戴河国家湿地公园科研中心附近。

## 禾本科 Gramineae

### 狗尾草属 *Setaria*

**狗尾草** *Setaria viridis* (L.) P. Beauv.

一年生草本。叶鞘稍松弛，叶舌毛状，叶长5~30cm，宽2~15mm。圆锥花序，穗状圆柱形，稍弯垂；小穗下生有簇生的刚毛，每簇9条刚毛，绿色、黄色或带紫色；小穗椭圆形；外稃与小穗等长，具5~7条脉，内稃窄狭。谷粒长圆形，具细点状皱纹。花果期7~9月。河北各地极为常见。生于荒地、路边、坡地。全草入药，具清热明目、利尿、消肿排脓的功效；嫩时为家畜优良的饲料；种子可食用，也可喂养家禽及制作酒精。见于北戴河国家湿地公园陈列馆路附近。

# 禾本科 Gramineae

## 狗尾草属 Setaria

### 金色狗尾草 Setaria pumila (Poiret) Roemer et Schultes

一年生草本。秆通常直立，基部有时倾斜，于节部生根。下部叶鞘扁形具脊，上部叶鞘圆形；叶舌毛状，长 1mm。圆锥花序，穗状圆柱形；每束刚毛约 10 条，金黄色或稍带褐色；小穗长 3~4mm，先端尖，每簇仅 1 个发育。谷粒成熟时具明显的横皱纹，背部隆起，黄色或灰色。花果期 6~10 月。河北各地均有分布，常与狗尾草混生。生于路边、荒地、山坡、农田、沟渠。草质优良，柔嫩，粗蛋白质含量高，家畜喜食；全草入药，具清热明目、止泻的功效。见于北戴河国家湿地公园陈列馆路附近。

# 禾本科 Gramineae
## 狼尾草属 Pennisetum

**狼尾草 Pennisetum alopecuroides (L.) Spreng.**

多年生草本。秆丛生，直立，花序以下常密生柔毛。叶鞘光滑，压扁具脊；叶长于节间，长15～50cm，宽2～6mm，常内卷。圆锥花序穗状，小穗下围有刚毛，刚毛长1～2.5cm，成熟时通常变黑紫色，与小穗一同脱落；小穗常单生，长6～8mm；第一外稃草质，具7～11条脉，与小穗等长。颖果扁平，长圆形。花果期7～10月。产于河北北戴河、遵化东陵，常见栽培。生于沟边、田岸及山坡。喜光照充足的环境，耐干旱，耐湿，亦能耐半阴，抗寒性强。茎叶可作为造纸原料；嫩时植株可作为牧草；根系发达，可作为固堤防沙植物。见于北戴河国家湿地公园3号楼及科研中心附近。

# 禾本科 Gramineae
## 芒属 Miscanthus

**荻 Miscanthus sacchariflorus (Maxim.) Hack.**

多年生草本。根状茎粗壮，被鳞片。秆具多节，节具长须毛。叶鞘无毛；叶舌短，具纤毛；叶扁平，宽线形，边缘锯齿状粗糙，基部常收缩成柄，粗壮。圆锥花序指状排列，每节生成对小穗；小穗基盘具白色丝状长柔毛，长为小穗的2倍；第一颖具2条脊，第二颖船形。颖果长圆形。花果期8～10月。河北各地均有分布。生于山坡草地、河岸湿地、沟边。耐干旱，耐湿，耐瘠薄。地下茎蔓延快，可用于防护渠道、堤岸。见于北戴河国家湿地公园陈列馆路附近。

# 禾本科 Gramineae

## 芒属 Miscanthus

**芒** *Miscanthus sinensis* Anderss.

**别名：** 细叶芒

多年生草本。叶线形，长20～70cm，宽5～15mm，背面被白粉，叶鞘长于节间。圆锥花序延伸至花序中部以下，具10～30个分枝，呈扇形，每节具1短柄和1长柄小穗；小穗长4.5～5mm，基盘具白色至淡黄色丝状毛；第二外稃先端1/3以上具2个齿，在齿间伸出1芒；芒长8～10mm，膝曲。颖果长圆形，暗紫色。花果期7～10月。产于河北南部。生于平原荒芜田野、沟边、渠埂。园林中常用作观赏草种；嫩茎叶柔嫩，适口性良好，营养价值高，牛羊喜食；秆可编制篷帘，秆纤维可作为造纸原料。见于北戴河国家湿地公园管理房附近。

## 禾本科 Gramineae

### 白茅属 *Imperata*

**白茅 *Imperata cylindrica* (L.) Raeuschel**

多年生草本。根状茎细长横生，密被鳞片。秆直立，成疏丛，节无毛。叶多集中于茎秆基部，叶舌干膜质，主脉明显，向背部突出，顶生叶短小。圆锥花序分枝短缩密集；小穗对生，基部围以细长丝状柔毛；花药黄色，柱头深紫色。颖果椭圆形，胚长为颖果一半。花期5~7月，果期8~9月。河北各地均有分布。生于田野、田埂、路边、草地。适应性强，耐阴，耐瘠薄和干旱，喜湿润疏松土壤。根状茎味甜，可食用；根、花可入药，根具清凉利尿的功效，茅花具止血的功效；茎叶可作为饲料及造纸原料。见于北戴河国家湿地公园湿地木栈道。

## 禾本科 Gramineae

### 大油芒属 *Spodiopogon*

**大油芒 *Spodiopogon sibiricus* Trin.**

多年生草本。根状茎密被覆瓦状鳞片。叶鞘长于节间；叶舌干膜质，截形；叶宽线形，长15~28cm，宽6~14mm。圆锥花序疏散开展，小枝具2~4节，节具髯毛，每节2个小穗；小穗灰绿色至草黄色；芒自外稃顶端裂齿间伸出，芒柱扭转，中部膝曲。颖果长圆状披针形，棕栗色，胚长约为果体一半。花果期8~9月。产于河北北戴河、遵化东陵、张家口至河北南部，各地多有栽培。生于山坡草丛或路旁。早春草质幼嫩，马、牛、羊喜食，为优良饲草；秆可作为人造棉原料；全草入药，具止血、催产的功效。见于北戴河国家湿地公园1号门附近。

## 禾本科 Gramineae

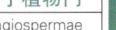

### 牛鞭草属 Hemarthria

**牛鞭草 Hemarthria sibirica (Gandoger) Ohwi**

多年生草本。具长而横走的根状茎。秆直立，一侧有槽。叶鞘边缘膜质，鞘口具纤毛；叶舌膜质，白色，上缘撕裂状；叶线形，两面无毛。总状花序单生或簇生；小穗成对，一无柄，一有柄，小穗轴节间和小穗轴愈合而成凹穴；外稃透明膜质，无芒。花期6～7月，果期8～9月。生于路旁、水边湿地。产于河北北戴河、承德至河北南部，各地常见。为中等饲用禾草，牛、羊、兔喜食。见于北戴河国家湿地公园陈列馆路附近。

## 禾本科 Gramineae

### 荩草属 Arthraxon

**荩草 Arthraxon hispidus (Thunb.) Makino.**

一年生草本。叶鞘短于节间，具短硬毛；叶舌膜质，边缘具纤毛；叶卵状披针形，基部心形，抱茎。总状花序2～10个呈指状排列；有柄小穗退化，无柄小穗灰绿色；第一颖草质，第二颖近膜质；外稃近基部伸出1膝曲的芒，下部扭转。颖果长圆形，与稃体几相等。花果期7～9月。河北各地较为常见。生于山坡草地、路边、荒地较阴湿处。全草入药，具止咳定喘、解毒杀

虫的功效。见于北戴河国家湿地公园陈列馆路附近。

## 浮萍科 Lemnaceae

### 浮萍属 *Lemna*

**浮萍 *Lemna minor* L.**

浮水小草本。叶状体倒卵形、椭圆形或近圆形，全缘，长1.5～5mm，宽2～3mm；表面稍突起或沿中线隆起，具3条不明显脉，背面一侧具囊，新叶状体于囊内形成浮出。果圆形近陀螺状，无翅或有窄翅；种子有突起的胚乳和不规则的突脉12～15条。花期7～8月。河北各地常见。生于水稻田、池塘、浅水湖泊或静水沟渠中。全草入药，具发汗透疹、清热利水的功效；可作为家畜、家禽的饲料和稻田绿肥。见于北戴河国家湿地公园8号楼附近水体中。

## 香蒲科 Typhaceae

### 香蒲属 Typha

**水烛** *Typha angustifolia* L.

**别名：狭叶香蒲**

多年生沼生草本。根状茎横生于泥中，生多数须根。叶狭线形，宽5～10mm，背部隆起；叶鞘具膜质边缘，有叶耳。穗状花序圆柱形，雌雄花序不连接，雄花序在上，雌花序在下，深褐色；雌花小苞片匙形，黑褐色，花被退化为茸毛状。小坚果无沟。花期5～6月。产于河北迁安、唐海、涞源等地。生于池塘、水边和浅水沼泽中。叶片挺拔，花序粗壮，常作为观赏花卉；花粉（蒲黄）药用；叶可作为编织、造纸等原料；雌花序（蒲绒）可作为枕头、沙发等的填充物。见于北戴河国家湿地公园12号楼附近。

## 莎草科 Cyperaceae

### 荸荠属 *Eleocharis*

**槽秆荸荠** *Eleocharis mitracarpa* Steud.

多年生草本。具匍匐根状茎。秆直立，坚硬，具明显突起纵肋。无叶片，秆的基部具1～2个长的膜质叶鞘，鞘下部紫红色，鞘口平。小穗直立，单生秆顶，长圆状卵形，具多数密生的两性花。小坚果圆倒卵形，双突状，淡黄色。花果期5～8月。产于河北北戴河、迁西、霸州、曲阳、邯郸等。生于湿地、水边、浅水或沼泽地。为水稻田常见杂草，危害较重。见于北戴河国家湿地公园5号楼附近。

## 莎草科 Cyperaceae

### 藨草属 *Scirpus*

**扁秆藨草** *Scirpus planiculmis* Fr. Schmidt

多年生草本。具匍匐根状茎和块茎。秆三棱形，平滑。叶扁平，线形，基部具长叶鞘。叶状苞片1～3片，比花序长；长侧枝聚伞花序短缩成头状，具1～6个小穗；小穗长圆状卵形，褐锈色；鳞片长圆形，膜质，褐色，顶端具撕裂状缺刻，有芒；下位刚毛4～6条，具倒刺。小坚果倒卵形或宽卵形。花果期5～9月。产于北戴河、抚宁、孟村、任丘、交河、邯郸。

生于水塘、沟边或沼泽地。根茎和块茎富含淀粉，可造酒。见于北戴河国家湿地公园湿地木栈道附近。

## 莎草科 Cyperaceae

### 水葱属 Schoenoplectus

**水葱** *Schoenoplectus tabernaemontani* (K. C. Gmel.) Pall.

多年生草木。匍匐根状茎粗壮。秆圆柱状，基部具1～4个管状膜质叶鞘，最上面1个叶鞘具线形的叶片。长侧枝聚伞花序有4～13个或更多的辐射枝；苞片为秆的延长，钻状，短于花序；小穗常2～3个簇生于辐射枝顶端；鳞片宽卵形，膜质，背面具锈色突起的小点；下位刚毛6条，红棕色，具倒刺。小坚果双凸状。花果期6～9月。产于河北赤城。生于湖边或浅水池塘中。对污水中有机物、氨氮、磷酸盐及重金属有较高的去除效率；秆可作为编织席的材料。见于北戴河国家湿地公园湿地木栈道和12号楼附近水域。

## 莎草科 Cyperaceae
### 莎草属 Cyperus

**香附子 Cyperus rotundus L.**

多年生草本。具匍匐根状茎和椭圆状块茎。茎直立，锐三棱形，基部呈块茎状。叶基生，短于秆，宽2~5mm；叶鞘棕色，裂成纤维状。叶状苞片2~3片，长于花序；长侧枝聚伞花序具3~6个开展的辐射枝；小穗线形，轴具白色透明的翅；鳞片紧密，2列，膜质，中间绿色，两侧紫红色，具5~7条脉。小坚果长圆状倒卵形，具3条棱，表面具细点。花期6~9月，果期8~11月。河北各地均有分布。生于山坡草地或水边湿地。块茎可入药，具疏肝解郁、理气宽中、调经止痛的功效。见于北戴河国家湿地公园科研中心附近。

## 莎草科 Cyperaceae
### 莎草属 Cyperus

**球穗莎草 Cyperus glomeratus L.**

**别名：头状穗莎草**

一年生草本。秆粗壮，直立，钝三棱形。叶短于秆，宽4~8mm；叶鞘长，红棕色。长侧枝聚伞花序具3~8个长短不同的辐射枝；苞片叶状，3~4片，边缘粗糙；穗状花序，小穗极多且密集，穗轴具白色透明的翅；鳞片膜质，棕红色，背面两侧的棕色条纹。小坚果三棱形，灰色，具明显网纹。花期6~8月。产于河北青龙、承德、正定、藁城、邢台、鸡泽等地。生于水边沙地、潮湿草丛、浅水沟塘或沼泽地。见于北戴河国家湿地公园陈列馆路附近。

# 莎草科 Cyperaceae

## 莎草属 Cyperus

**碎米莎草 Cyperus iria L.**

一年生草本。秆直立，扁三棱形。叶比秆短或等长，宽2～5mm；叶鞘红棕色或棕紫色。长侧枝聚伞花序具4～9个长短不等的辐射枝；苞片叶状，3～5片；穗状花序具5～22个小穗，小穗排列疏松，含6～22朵花；鳞片膜质，宽倒卵形，背面具龙骨状突起，有3～5条脉。小坚果黑褐色，三棱形，表面含密细点。花果期6～8月。产于河北承德、滦平、迁西、景县、曲周、巨鹿。生于田间、山坡、路边、湿地。见于北戴河国家湿地公园陈列馆路及科研中心附近。

# 美人蕉科 Cannaceae

## 美人蕉属 *Canna*

**美人蕉 *Canna indica* L.**

多年生草本。全株被蜡质白粉，具块状根茎。单叶互生，质厚，卵状长椭圆形，全缘，具鞘状叶柄。总状花序顶生；萼片3片，绿白色，先端带红色；花冠大多红色，裂片披针形。蒴果长卵形，具软刺。花果期6~9月。原产于热带美洲、印度、马来半岛等地；河北各地多有栽培。喜温暖湿润气候，不耐霜冻。花大色艳，株形好，品种多，常盆栽或露地栽培供观赏；根状茎可入药，具清热利湿、舒筋活络的功效。见于北戴河国家湿地公园花甸附近。

# 参 考 文 献

陈又生. 2016. 中国高等植物彩色图鉴（第七卷）. 北京：科学出版社.

杜怡斌. 2000. 河北野生资源植物志. 保定：河北大学出版社.

河北植被编辑委员会. 1996. 河北植被. 北京：科学出版社.

贺士元. 1986. 河北植物志（第一卷）. 石家庄：河北科学技术出版社.

贺士元. 1988. 河北植物志（第二卷）. 石家庄：河北科学技术出版社.

贺士元. 1991. 河北植物志（第三卷）. 石家庄：河北科学技术出版社.

金效华. 2016. 中国高等植物彩色图鉴（第九卷）. 北京：科学出版社.

李振宇. 2016. 中国高等植物彩色图鉴（第六卷）. 北京：科学出版社.

刘博，林秦文. 2016. 中国高等植物彩色图鉴（第五卷）. 北京：科学出版社.

汪松，解焱. 2004. 中国物种红色名录（第一卷）——红色名录. 北京：高等教育出版社.

王文采，刘冰. 2016. 中国高等植物彩色图鉴（第三卷）. 北京：科学出版社.

吴征镒，周浙昆，李德铢，彭华，孙航. 2003. 世界种子植物科的分布区类型系统. 云南植物研究，25 (3)：245-257.

吴征镒，周浙昆，孙航，李德铢，彭华. 2006. 种子植物分布区类型及其起源与分化. 昆明：云南科技出版社.

于胜祥. 2016. 中国高等植物彩色图鉴（第四卷）. 北京：科学出版社.

张树仁. 2016. 中国高等植物彩色图鉴（第八卷）. 北京：科学出版社.

张宪春，成晓. 2016. 中国高等植物彩色图鉴（第二卷）. 北京：科学出版社.

中国科学院中国植物志编辑委员会. 1959—2004. 中国植物志. 北京：科学出版社.

Christenhusz M J M, Reveal J L, Farjon A, Gardner M F, Mill R R, Chase M W. 2011. A new classification and linear sequence of extant gymnosperms. Phytotaxa, 19: 55-70.

PPG I. 2016. A community-derived classification for extant lycophytes and ferns. Journal of Systematics and Evolution, 54: 563-603.

Wu Z Y, Raven P H, Hong D Y. 1994—2013. Flora of China. Beijing & St. Louis: Science Press & Missouri Botanical Garden Press.

# 中文名索引

## A
矮牵牛 148
艾蒿 181

## B
八宝 58
八宝景天 58
八宝属 58
巴天酸模 36
白车轴草 80
白丁香 125
白杜 101
白杜卫矛 101
白花草木犀 79
白花丹科 120
白桦 26
白蜡树 122
白兰 47
白茅 226
白茅属 226
白皮松 17
白扦 16
白屈菜 52
白屈菜属 52
白三叶草 80
白睡莲 51
白棠子树 137
白榆 27
百合科 196-201
百花山鹅观草 212
百日草 166
百日菊 166
百日菊属 166
柏科 19，20
稗属 221
斑地锦 90
斑蓼 34
斑种草属 134

瓣蕊唐松草 49
宝塔花 138
报春花科 119，120
抱茎苦荬菜 192
北方马兰 157
北方獐牙菜 128
荸荠属 229
碧冬茄 148
碧冬茄属 148
篦齿眼子菜 195
萹蓄 32
扁秆藨草 230
变叶木 91
变叶木属 91
蘽草属 230
滨菊属 178
波斯菊 173
薄荷 143
薄荷属 143
补血草属 120
布劳阁林下鼠尾草 145

## C
菜豆属 87
菜豆树 150
菜豆树属 150
穇属 219
苍耳 165
苍耳属 165
槽秆荸荠 229
草地早熟禾 209
草木犀 80
草木犀属 79，80
侧柏 19
侧柏属 19
叉子圆柏 20
长芒苋 45
长柔毛野豌豆 85
超级鼠尾草 145

朝天椒 148
朝天委陵菜 70
车厘子 75
车前 152
车前科 151，152
车前属 151，152
车轴草属 80
梣属 122
梣叶槭 98
柽柳 109
柽柳科 109
柽柳属 109
翅果菊 190
臭草 208
臭草属 208
臭椿 92
臭椿属 92
臭牡丹 137
串叶草 170
串叶松香草 170
垂柳 25
垂盆草 57
垂序商陆 37
唇形科 139-145
慈姑 193
慈姑属 193
刺柏属 19，20
刺儿菜 185
刺槐 82
刺槐属 82
丛生隐子草 218

## D
达乌里胡枝子 84
达乌里黄芪 83
打碗花 133
打碗花属 133，134
大滨菊 178
大车前 152

大豆属 86
大花马齿苋 38
大戟科 89-92
大狼把草 174
大青属 137
大叶醉鱼草 127
大油芒 226
大油芒属 226
淡味獐牙菜 128
灯心草科 205
灯心草属 205
荻 224
地肤 42
地肤属 42
地黄 149
地黄属 149
地锦 104
地锦草 90
地锦属 104，105
地榆 67
地榆属 67
丁香属 124，125
东方蓼 33
东风菜 159
冬青卫矛 100
豆瓣黄杨 102
豆茶决明 77
豆科 76-87
独行菜 54
独行菜属 54
杜梨 64
杜仲 28
杜仲科 28
杜仲属 28
对节白蜡 122
对叶菊 166
多苞斑种草 134
多花蔷薇 65
多茎委陵菜 70

多裂翅果菊 191
多年生亚麻 88
多枝委陵菜 70

**E**

鹅肠菜 38
鹅肠菜属 38
鹅观草属 212
鹅绒藤 130
鹅绒藤属 130
鹅掌柴 117
鹅掌柴属 117
二色补血草 120
二色金光菊 169
二月兰 53

**F**

发财树 107
番薯属 131, 132
翻白草 71
反枝苋 44
飞蓬属 163, 164
非洲茉莉 126
肥皂草 39
肥皂草属 39
费菜 57
丰花月季 67
风花菜 55
风箱果 61
风箱果属 61
枫杨 22
枫杨属 22
凤尾丝兰 202
拂子茅 215
拂子茅属 215
浮萍 228
浮萍科 228
浮萍属 228
附地菜 135
附地菜属 135
复叶枫 98

**G**

甘菊 178
刚竹属 206

杠板归 35
杠柳 129
杠柳属 129
格菱 115
狗娃花 158
狗尾巴花 33
狗尾草 222
狗尾草属 222, 223
枸杞 145
枸杞属 145
构属 30
构树 30
瓜栗 107
瓜栗属 107
瓜子黄杨 102
鬼针草 176
鬼针草属 173-176
鬼子姜 169
国槐 78

**H**

海棠 65
海棠花 65
含笑属 47
蔊菜属 55, 56
旱莲草 167
旱柳 25
蒿属 179-183
禾本科 206-227
合欢 76
合欢属 76
河北杨 23
荷兰菊 161
黑心金光菊 168
黑枣 121
黑藻 194
黑藻属 194
红蓼 33
红瑞木 117
红睡莲 51
红王子锦带 153
红叶石楠 62
红足蒿 181
狐尾藻属 116
胡桃科 22

胡枝子属 84
葫芦 111
葫芦科 110, 111
葫芦属 111
湖北梣 122
虎耳草科 58
虎皮菊 177
虎尾草 218
虎尾草属 218
花楷枫 97
花楷槭 97
花木蓝 81
花旗杆 56
花旗杆属 56
花楸属 63
华北珍珠梅 60
画眉草属 216, 217
桦木科 26
桦木属 26
槐 78
槐属 78
槐叶苹 13
槐叶苹科 13
槐叶苹属 13
黄花菜 198
黄花草木犀 80
黄花蒿 179
黄花鸢尾 204
黄花酢浆草 87
黄精属 200
黄连花 120
黄栌属 94
黄耆属 82, 83
黄芩 139
黄芩属 139
黄睡莲 50
黄杨科 102
黄杨属 102
灰莉 126
灰莉属 126
灰绿藜 41
活血丹 141
活血丹属 141
火炬树 94
藿香 140

藿香属 140

**J**

芨芨草属 216
鸡桑 29
鸡树条荚蒾 155
鸡爪枫 96
鸡爪槭 96
吉祥树 117
荠 55
荠菜 55
荠属 55
蓟属 184, 185
加杨 24
家榆 27
夹竹桃科 128
荚蒾属 155
假龙头花 143
假龙头花属 143
假马鞭 135
假马鞭属 135
尖被灯心草 205
剪刀股 192
碱蓬 42
碱蓬属 42, 43
碱菀 162
碱菀属 162
剑叶金鸡菊 171
桔梗 156
桔梗科 156
桔梗属 156
节节草 12
金边玉簪 197
金光菊属 168, 169
金花忍冬 154
金鸡菊属 170, 171
金色狗尾草 223
金娃娃萱草 200
金焰绣线菊 60
金叶过路黄 119
金银忍冬 154
金鱼藻 52
金鱼藻科 52
金鱼藻属 52
金盏菜 162

# 中文名索引

金盏银盘　175
金钟花　124
堇菜科　108
堇菜属　108
锦带花属　153
锦葵科　106，107
苣草　227
苣草属　227
荆芥属　140
景天科　57，58
景天三七　57
景天属　57
菊科　156-192
菊属　178
菊芋　169
苣荬菜　189
聚花月季　67
决明属　77
君迁子　121

## K

苦菜　191
苦苣菜　189
苦苣菜属　189-192
苦木科　92
苦参　78
宽叶打碗花　134

## L

辣椒属　148
辣蓼　33
梾木属　117
赖草　213
赖草属　213
兰香草　138
兰屿肉桂　48
蓝芙蓉　187
蓝花鼠尾草　144
狼把草　173
狼杷草　173
狼尾草　224
狼尾草属　224
老苍子　165
老鹳草属　88
狸藻　151
狸藻科　151

狸藻属　151
梨属　63，64
犁头刺　35
藜　41
藜科　41-43
藜属　41
李　71
李属　71，72
鳢肠　167
鳢肠属　167
荔枝草　144
栎属　27
连钱草　141
连翘　123
连翘属　123，124
莲　50
莲属　50
楝科　93
两色金鸡菊　170
两型豆属　86
蓼科　32-36
蓼属　32-35
裂叶牵牛　132
林泽兰　156
菱科　115
菱属　115
柳属　25
柳叶菜科　115
柳叶马鞭草　136
柳叶箬　219
柳叶箬属　219
柳叶绣线菊　59
六道木属　155
六座大山荆芥　140
龙胆科　128
龙葵　147
龙舌兰科　202
龙须眼子菜　195
芦苇　208
芦苇属　208
芦竹　207
芦竹属　207
路边青　68
栾树　99
栾树属　99
罗布麻　128

罗布麻属　128
萝藦　130
萝藦科　129，130
萝藦属　130
绿穗苋　45
荩草　31
荩草属　31

## M

麻柳　22
马鞭草科　135-138
马鞭草属　136
马齿苋　37
马齿苋科　37，38
马齿苋属　37，38
马来眼子菜　194
马莲　204
马蓼　34
马蔺　204
马钱科　126，127
马唐　222
马唐属　222
麦冬　201
麦瓶草　40
曼陀罗　146
曼陀罗属　146
芒　225
芒属　224，225
牻牛儿苗科　88
毛白杨　22
毛茛　48
毛茛科　48，49
毛茛属　48
毛黄栌　94
毛连菜　187
毛连菜属　187
毛樱桃　75
毛竹　206
美人蕉　234
美人蕉科　234
美人蕉属　234
美洲商陆　37
蒙古蒿　180
蒙古栎　27
蒙古马兰　157
蒙蒿　180

米瓦罐　40
绵毛马蓼　34
绵毛酸模叶蓼　34
墨旱莲　167
漠蒿　183
木槿　107
木槿属　107
木兰科　46，47
木兰属　46
木蓝属　81
木棉科　107
木犀科　122-126
苜蓿属　79
木贼　12
木贼科　12
木贼属　12

## N

南瓜　111
南瓜属　110，111
南蛇藤　102
南蛇藤属　102
泥胡菜　186
泥胡菜属　186
黏枣子　63
牛鞭草　227
牛鞭草属　227
牛繁缕　38
牛筋草　219
牛膝菊　176
牛膝菊属　176
糯米条　155
女菀　161
女菀属　161
女贞属　126

## O

欧旋花　134

## P

爬山虎　104
平安树　48
平车前　151
平枝栒子　61
苹果属　64，65
婆婆丁　188

| | | | |
|---|---|---|---|
| 婆婆纳属 150 | 日光菊 172 | 柿科 121 | 梭鱼草属 203 |
| 婆婆针 176 | 绒毛胡枝子 84 | 柿属 121 | |
| 匍匐委陵菜 69 | 乳浆大戟 89 | 蜀葵 106 | **T** |
| 葡萄 104 | | 蜀葵属 106 | 太阳花 38 |
| 葡萄科 104-106 | **S** | 鼠李科 103 | 唐松草属 49 |
| 葡萄属 104 | 赛菊芋 172 | 鼠尾草属 144，145 | 桃 73 |
| 蒲公英 188 | 赛菊芋属 172 | 鼠掌老鹳草 88 | 桃属 73，74 |
| 蒲公英属 188 | 三籽两型豆 86 | 水稗子 215 | 天门冬属 201 |
| | 伞形科 118 | 水鳖科 194 | 天目琼花 155 |
| **Q** | 桑 29 | 水葱 231 | 天人菊 177 |
| 七姊妹 66 | 桑科 29-31 | 水葱属 231 | 天人菊属 177 |
| 漆树科 94 | 桑属 29 | 水蜡树 126 | 田旋花 132 |
| 槭属 95-98 | 色木枫 96 | 水蓼 33 | 铁丝草 210 |
| 槭树科 95-98 | 色木槭 96 | 水芹 118 | 铁苋菜 92 |
| 千屈菜 113 | 沙蒿 183 | 水芹属 118 | 铁苋菜属 92 |
| 千屈菜科 113，114 | 砂地柏 20 | 水杉 18 | 通奶草 91 |
| 千屈菜属 113 | 山扁豆 77 | 水杉属 18 | 通泉草 149 |
| 千叶蓍 177 | 山定子 64 | 水苏 142 | 通泉草属 149 |
| 茜草 131 | 山豆花 84 | 水苏属 142 | 茼蒿属 178 |
| 茜草科 131 | 山鸡儿肠 157 | 水杨梅 68 | 头状穗莎草 232 |
| 茜草属 131 | 山荆子 64 | 水杨梅属 68 | 豚草 166 |
| 枪刀菜 187 | 山里红 62 | 水榆花楸 63 | 豚草属 166 |
| 蔷薇科 59-75 | 山绿豆 87 | 水烛 229 | |
| 蔷薇属 65-67 | 山马兰 157 | 睡莲科 50，51 | **W** |
| 荞麦 36 | 山梅花 58 | 睡莲属 50，51 | 歪头菜 85 |
| 荞麦属 36 | 山梅花属 58 | 丝瓜 111 | 菵草 215 |
| 壳斗科 27 | 山莴苣 191 | 丝瓜属 111 | 菵草属 215 |
| 茄科 145-148 | 山楂属 62 | 丝兰属 202 | 委陵菜 71 |
| 茄属 147 | 山茱萸科 117 | 四季海棠 109 | 委陵菜属 69-71 |
| 茄子 147 | 杉科 18 | 四季秋海棠 109 | 卫矛科 100-102 |
| 青杨 24 | 商陆科 37 | 松果菊 167 | 卫矛属 100，101 |
| 秋海棠科 109 | 商陆属 37 | 松果菊属 167 | 文冠果 99 |
| 秋海棠属 109 | 蛇床 118 | 松科 16，17 | 文冠果属 99 |
| 秋英 173 | 蛇床属 118 | 松属 17 | 莴苣属 190，191 |
| 秋英属 173 | 蛇莓 68 | 松香草属 170 | 乌蔹莓 106 |
| 秋子梨 63 | 蛇莓属 68 | 宿根亚麻 88 | 乌蔹莓属 106 |
| 球果蔊菜 55 | 蛇目菊 170 | 酸模属 36 | 无患子科 99 |
| 球穗莎草 232 | 肾叶打碗花 133 | 酸模叶蓼 34 | 无芒雀麦 211 |
| 取麻菜 189 | 蓍属 177 | 随意草 143 | 五加科 117 |
| 雀麦属 211 | 十字花科 53-56 | 碎米莎草 233 | 五角枫 96 |
| | 石楠属 62 | 穗花狐尾藻 116 | 五叶地锦 105 |
| **R** | 石竹 40 | 穗花婆婆纳 150 | |
| 忍冬科 153-155 | 石竹科 38-40 | 穗状狐尾藻 116 | **X** |
| 忍冬属 154 | 石竹属 40 | 莎草科 229-233 | 西葫芦 110 |
| 日本红枫 97 | 矢车菊 187 | 莎草属 231-233 | 西来稗 221 |
| 日本小檗 49 | 矢车菊属 187 | 梭鱼草 203 | 蟋蟀草 219 |

# 中文名索引

菜耳 165
细叶芒 225
细叶益母草 142
狭叶香蒲 229
狭叶荨麻 31
夏至草 139
夏至草属 139
纤毛鹅观草 212
蚬肉海棠 109
苋科 44, 45
苋属 44, 45
香椿 93
香椿属 93
香附子 232
香蒲科 229
香蒲属 229
向日葵属 169
小檗科 49
小檗属 49
小二仙草科 116
小飞蓬 164
小画眉草 216
小蓟 185
小蓬草 164
小叶丁香 124
小叶巧玲花 124
斜茎黄耆 82
兴安胡枝子 84
兴安黄耆 83
兴安天门冬 201
杏 73
杏属 73
幸福树 150
绣线菊 59
绣线菊属 59, 60
萱草 199
萱草属 198-200
旋花 134
旋覆花 164
旋覆花属 164
旋花科 131-134
旋花属 132
玄参科 149, 150
雪见草 144

荨麻科 31
荨麻属 31
栒子属 61

## Y

鸭舌草 192
鸭跖草 206
鸭跖草科 206
鸭跖草属 206
亚麻科 88
亚麻属 88
烟管蓟 184
沿阶草属 201
盐地碱蓬 43
盐肤木属 94
眼子菜科 194, 195
眼子菜属 194, 195
羊草 213
杨柳科 22-25
杨属 22-24
洋槐 82
洋姜 169
洋著草 177
痒痒树 113
野艾蒿 182
野大豆 86
野古草 220
野古草属 220
野蓟 185
野蔷薇 65
野黍 221
野黍属 221
野豌豆属 85
野莴苣 190
一串蓝 144
一年蓬 163
益母草 141
益母草属 141, 142
藨草属 214
茵陈蒿 182
银薇 114
银杏 16
银杏科 16
银杏属 16

隐子草属 218
罂粟科 52, 53
罂粟属 53
樱属 75
樱桃 75
樱桃李 72
蝇子草属 40
硬质早熟禾 210
油松 17
莸属 138
榆 27
榆科 27
虞美人 53
榆属 27
榆树 27
榆叶梅 74
雨久花科 203
玉带草 214
玉皇李 71
玉兰 46
玉簪 196
玉簪属 196-198
玉竹 200
鸢尾 203
鸢尾科 203, 204
鸢尾属 203, 204
元宝枫 95
元宝槭 95
圆柏 19
圆叶牵牛 131
远东芨芨草 216
月见草 115
月见草属 115
云杉属 16

## Z

早开堇菜 108
早熟禾 210
早熟禾属 209, 210
枣 103
枣属 103
皂荚 76
皂荚属 76
泽兰 156

泽兰属 156
泽泻科 193
獐牙菜属 128
樟科 48
樟属 48
沼生蔊菜 56
珍珠菜属 119, 120
珍珠梅 60
珍珠梅属 60
榛 26
榛属 26
知风草 217
芝麻花 143
直立黄耆 82
中华苦荬菜 191
中华小苦荬 191
诸葛菜 53
诸葛菜属 53
猪毛菜 43
猪毛菜属 43
猪毛蒿 183
竹叶眼子菜 194
紫草科 134, 135
紫丁香 125
紫萼 197
紫花地丁 108
紫苜蓿 79
紫穗槐 81
紫穗槐属 81
紫菀 159
紫菀属 157-161
紫葳科 150
紫薇 113
紫薇属 113, 114
紫叶李 72
紫玉兰 46
紫玉簪 198
紫珠 137
紫珠属 137
菰草 195
钻叶紫菀 160
醉鱼草属 127
酢浆草科 87
酢浆草属 87

# 拉丁名索引

## A

*Abelia chinensis* 155
*Acalypha australis* 92
*Acer negundo* 98
*Acer palmatum* 96
*Acer palmatum* cv. 'Atropurpureum' 97
*Acer pictum* 96
*Acer truncatum* 95
*Acer ukurunduense* 97
*Achillea millefolium* 177
*Achnatherum extremiorientale* 216
*Agastache rugosa* 140
*Ailanthus altissima* 92
*Albizia julibrissin* 76
*Alcea rosea* 106
*Amaranthus hybridus* 45
*Amaranthus palmeri* 45
*Amaranthus retroflexus* 44
*Ambrosia artemisiifolia* 166
*Amorpha fruticosa* 81
*Amphicarpaea trisperma* 86
*Amygdalus persica* 73
*Amygdalus triloba* 74
*Apocynum venetum* 128
*Armeniaca vulgaris* 73
*Artemisia annua* 179
*Artemisia argyi* 181
*Artemisia capillaris* 182
*Artemisia desertorum* 183
*Artemisia lavandulaefolia* 182
*Artemisia mongolica* 180
*Artemisia rubripes* 181
*Artemisia scoparia* 183
*Arthraxon hispidus* 227
*Arundinella anomala* 220
*Arundo donax* 207

*Asparagus dauricus* 201
*Aster hispidus* 158
*Aster lautureanus* 157
*Aster mongolicus* 157
*Aster novibelgii* 161
*Aster scaber* 159
*Aster subulatus* 160
*Aster tataricus* 159
*Astragalus dahuricus* 83
*Astragalus laxmannii* 82

## B

*Beckmannia syzigachne* 215
*Begonia semperflorens* 109
*Berberis thunbergii* var. *atropurpurea* 49
*Betula platyphylla* 26
*Bidens biternata* 175
*Bidens frondosa* 174
*Bidens pilosa* 176
*Bidens tripartita* 173
*Bothriospermum secundum* 134
*Bromus inermis* 211
*Broussonetia papyrifera* 30
*Buddleja davidii* 127
*Buxus sinica* 102

## C

*Calamagrostis epigeios* 215
*Callicarpa dichotoma* 137
*Calystegia hederacea* 133
*Calystegia sepium* 134
*Calystegia soldanella* 133
*Canna indica* 233
*Capsella bursa pastoris* 55
*Capsicum annuum* var. *conoides* 148
*Caryopteris incana* 138
*Cayratia japonica* 106

*Celastrus orbiculatus*　102
*Centaurea cyanus*　187
*Cerasus pseudocerasus*　75
*Cerasus tomentosa*　75
*Ceratophyllum demersum*　52
*Chelidonium majus*　52
*Chenopodium album*　41
*Chenopodium glaucum*　41
*Chloris caudata*　218
*Chrysanthemum lavandulifolium*　178
*Cinnamomum kotoense*　48
*Cirsium arvense* var. *integrifolium*　185
*Cirsium maackii*　185
*Cirsium pendulum*　184
*Cleistogenes caespitosa*　218
*Clerodendrum bungei*　137
*Cnidium monnieri*　118
*Codiaeum variegatum*　91
*Commelina communis*　206
*Convolvulus arvensis*　132
*Coreopsis lanceolata*　171
*Coreopsis tinctoria*　170
*Corylus heterophylla*　26
*Cosmos bipinnatus*　173
*Cotinus coggygria* var. *pubescens*　94
*Cotoneaster horizontalis*　61
*Crataegus pinnatifida* var. *major*　62
*Cucurbita moschata*　111
*Cucurbita pepo*　110
*Cynanchum chinense*　130
*Cyperus glomeratus*　232
*Cyperus iria*　234
*Cyperus rotundus*　232

### D

*Datura stramonium*　146
*Dianthus chinensis*　40
*Digitaria sanguinalis*　222
*Diospyros lotus*　121
*Dontostemon dentatus*　56
*Duchesnea indica*　68

### E

*Echinacea purpurea*　167
*Echinochloa crusgalli* var. *zelayensis*　221

*Eclipta prostrata*　167
*Eleocharis mitracarpa*　229
*Eleusine indica*　219
*Equisetum hyemale*　12
*Equisetum ramosissimum*　12
*Eragrostis ferruginea*　217
*Eragrostis poaeoides*　216
*Erigeron annuus*　163
*Erigeron canadensis*　164
*Eriochloa villosa*　221
*Eucommia ulmoides*　28
*Euonymus japonicus*　100
*Euonymus maackii*　101
*Eupatorium lindleyanum*　156
*Euphorbia esula*　89
*Euphorbia humifusa*　90
*Euphorbia hypericifolia*　91
*Euphorbia maculata*　90

### F

*Fagopyrum esculentum*　36
*Fagraea ceilanica*　126
*Forsythia suspensa*　123
*Forsythia viridissima*　124
*Fraxinus chinensis*　122
*Fraxinus hupehensis*　122

### G

*Gaillardia pulchella*　177
*Galinsoga parviflora*　176
*Geranium sibiricum*　88
*Geum aleppicum*　68
*Ginkgo biloba*　16
*Glechoma longituba*　141
*Gleditsia sinensis*　76
*Glycine soja*　86

### H

*Helianthus tuberosus*　169
*Heliopsis helianthoides*　172
*Hemarthria sibirica*　227
*Hemerocallis citrina*　198
*Hemerocallis fulva*　199
*Hemerocallis fulva* cv. 'Golden Doll'　200
*Hemistepta lyrata*　186

*Hibiscus syriacus* 107
*Hosta albomarginata* 198
*Hosta plantaginea* 196
*Hosta plantaginea* cv. 'Golden Edge' 197
*Hosta ventricosa* 197
*Humulus scandens* 31
*Hydrilla verticillata* 194
*Hylotelephium erythrostictum* 58

# I

*Imperata cylindrica* 226
*Indigofera kirilowii* 81
*Inula japonica* 164
*Ipomoea hederacea* 132
*Ipomoea purpurea* 131
*Iris lactea* var. *chinensis* 204
*Iris tectorum* 203
*Iris wilsonii* 204
*Isachne globosa* 219
*Ixeris chinensis* 191
*Ixeris japonica* 192
*Ixeris polycephala* 192

# J

*Juncus turczaninowii* 205
*Juniperus chinensis* 19
*Juniperus sabina* 20

# K

*Kochia scoparia* 42
*Koelreuteria paniculata* 99

# L

*Lactuca indica* 190
*Lactuca sibirica* 191
*Lagenaria siceraria* 111
*Lagerstroemia indica* 113
*Lagerstroemia indica* var. *alba* 114
*Lagopsis supina* 139
*Lemna minor* 228
*Leonurus japonicas* 141
*Leonurus sibiricus* 142
*Lepidium apetalum* 54
*Lespedeza davurica* 84
*Lespedeza tomentosa* 84

*Leucanthemum maximum* 178
*Leymus chinensis* 213
*Leymus secalinus* 213
*Ligustrum obtusifolium* 126
*Limonium bicolor* 120
*Linum perenne* 88
*Lonicera chrysantha* 154
*Lonicera maackii* 154
*Luffa aegyptiaca* 111
*Lycium chinense* 145
*Lysimachia davurica* 120
*Lysimachia nummularia* cv. 'Aurea' 119
*Lythrum salicaria* 113

# M

*Magnolia denudata* 46
*Magnolia liliflora* 46
*Malus baccata* 64
*Malus spectabilis* 65
*Mazus pumilus* 149
*Medicago sativa* 79
*Melica scabrosa* 208
*Melilotus albus* 79
*Melilotus officinalis* 80
*Mentha canadensis* 143
*Metaplexis japonica* 130
*Metasequoia glyptostroboides* 18
*Michelia alba* 47
*Miscanthus sacchariflorus* 224
*Miscanthus sinensis* 225
*Morus alba* 29
*Morus australis* 29
*Myosoton aquaticum* 38
*Myriophyllum spicatum* 116

# N

*Nelumbo nucifera* 50
*Nepeta* × *faassenii* cv. 'Six Hills Giant' 140
*Nymphaea alba* 51
*Nymphaea alba* var. *rubra* 51
*Nymphaea mexicana* 50

# O

*Oenanthe javanica* 118
*Oenothera biennis* 115

*Ophiopogon japonicus*　201
*Orychophragmus violaceus*　53
*Oxalis pescaprae*　87

## P

*Pachira aquatica*　107
*Papaver rhoeas*　53
*Parthenocissus quinquefolia*　105
*Parthenocissus tricuspidata*　104
*Pennisetum alopecuroides*　224
*Periploca sepium*　129
*Petunia hybrida*　148
*Phalaris arundinacea* var. *picta*　214
*Phaseolus minimus*　87
*Philadelphus incanus*　58
*Photinia* × *fraseri*　62
*Phragmites australis*　208
*Phyllostachys edulis*　206
*Physocarpus amurensis*　61
*Physostegia virginiana*　143
*Phytolacca americana*　37
*Picea meyeri*　16
*Picris hieracioides*　187
*Pinus bungeana*　17
*Pinus tabuliformis*　17
*Plantago asiatica*　152
*Plantago depressa*　151
*Plantago major*　152
*Platycladus orientalis*　19
*Platycodon grandiflorus*　156
*Poa annua*　210
*Poa pratensis*　209
*Poa sphondylodes*　210
*Polygonatum odoratum*　200
*Polygonum aviculare*　32
*Polygonum hydropiper*　33
*Polygonum lapathifolium*　34
*Polygonum lapathifolium* var. *salicifolium*　34
*Polygonum orientale*　33
*Polygonum perfoliatum*　35
*Pontederia cordata*　203
*Populus cathayana*　24
*Populus tomentosa*　22
*Populus* × *canadensis*　24
*Populus* × *hopeiensis*　23

*Portulaca grandiflora*　38
*Portulaca oleracea*　37
*Potamogeton crispus*　195
*Potamogeton pectinatus*　195
*Potamogeton wrightii*　194
*Potentilla chinensis*　71
*Potentilla multicaulis*　70
*Potentilla reptans*　69
*Potentilla supina*　70
*Prunus cerasifera*　72
*Prunus salicina*　71
*Pterocarya stenoptera*　22
*Pyrus betulifolia*　64
*Pyrus ussuriensis*　63

## Q

*Quercus mongolica*　27

## R

*Radermachera sinica*　150
*Ranunculus japonicus*　48
*Rehmannia glutinosa*　149
*Rhus typhina*　94
*Robinia pseudoacacia*　82
*Roegneria ciliaris*　212
*Roegneria turczaninovii* var. *pohuashanensis*　212
*Rorippa globosa*　55
*Rorippa palustris*　56
*Rosa hybrida*　67
*Rosa multiflora*　65
*Rosa multiflora* var. *carnea*　66
*Rubia cordifolia*　131
*Rudbeckia bicolor*　169
*Rudbeckia hirta*　168
*Rumex patientia*　36

## S

*Sagittaria trifolia* var. *sinensis*　193
*Salix babylonica*　25
*Salix matsudana*　25
*Salsola collina*　43
*Salvia farinacea*　144
*Salvia plebeia*　144
*Salvia* × *superba*　145
*Salvinia natans*　13

*Sanguisorba officinalis*　67
*Saponaria officinalis*　39
*Schefflera heptaphylla*　117
*Schoenoplectus tabernaemontani*　231
*Scirpus planiculmis*　230
*Scutellaria baicalensis*　139
*Sedum aizoon*　57
*Sedum sarmentosum*　57
*Senna nomame*　77
*Setaria pumila*　223
*Setaria viridis*　222
*Silene conoidea*　40
*Silphium perfoliatum*　170
*Solanum melongena*　147
*Solanum nigrum*　147
*Sonchus arvensis*　189
*Sonchus oleraceus*　189
*Sophora flavescens*　78
*Sophora japonica*　78
*Sorbaria sorbifolia*　60
*Sorbus alnifolia*　63
*Spiraea salicifolia*　59
*Spiraea* × *bumalda* cv. 'Gold Flame'　60
*Spodiopogon sibiricus*　226
*Stachys japonica*　142
*Stachytarpheta jamaicensis*　135
*Suaeda glauca*　42
*Suaeda salsa*　43
*Swertia diluta*　128
*Swida alba*　117
*Syringa oblata*　125
*Syringa oblata* var. *affinis*　125
*Syringa pubescens* subsp. *microphylla*　124

## T

*Tamarix chinensis*　109
*Taraxacum mongolicum*　188
*Thalictrum petaloideum*　49
*Toona sinensis*　93
*Trapa pseudoincisa*　115
*Trifolium repens*　80
*Trigonotis peduncularis*　135
*Tripolium vulgare*　162
*Turczaninovia fastigiata*　161
*Typha angustifolia*　229

## U

*Ulmus pumila*　27
*Urtica angustifolia*　31
*Utricularia vulgaris*　151

## V

*Verbena bonariensis*　136
*Veronica spicata*　150
*Viburnum opulus* subsp. *calvescens*　155
*Vicia unijuga*　85
*Vicia villosa*　85
*Viola philippica*　108
*Viola prionantha*　108
*Vitis vinifera*　104

## W

*Weigela florida* cv. 'Red Prince'　153

## X

*Xanthium sibiricum*　165
*Xanthoceras sorbifolium*　99

## Y

*Yucca gloriosa*　202

## Z

*Zinnia elegans*　166
*Ziziphus jujuba*　103